JEC-2130：2016

目　次

ページ

序文 ……… 1
1 適用範囲 …………………………………………………………………………………………………… 1
1.1 適用範囲 ………………………………………………………………………………………………… 1
1.2 回転電気機械一般規格との関係 ……………………………………………………………………… 1
2 引用規格 …………………………………………………………………………………………………… 1
3 用語及び定義 ……………………………………………………………………………………………… 1
3.1 同期機の種類 …………………………………………………………………………………………… 1
3.2 同期機の特性 …………………………………………………………………………………………… 2
3.3 同期機の始動 …………………………………………………………………………………………… 6
3.4 同期機の定数 …………………………………………………………………………………………… 6
4 使用及び定格 ……………………………………………………………………………………………… 8
4.1 使用 ……………………………………………………………………………………………………… 8
4.2 定格 ……………………………………………………………………………………………………… 8
5 運転条件 …………………………………………………………………………………………………… 9
6 電気的条件 ………………………………………………………………………………………………… 9
6.1 電圧 ……………………………………………………………………………………………………… 9
6.2 力率 ……………………………………………………………………………………………………… 9
6.3 電流及び電圧の波形及び対称性 ……………………………………………………………………… 9
6.4 不平衡電流 ……………………………………………………………………………………………… 9
6.5 短絡電流及び直軸初期過渡リアクタンス …………………………………………………………… 10
6.6 波形 ……………………………………………………………………………………………………… 10
6.7 運転中の電圧及び周波数変動 ………………………………………………………………………… 11
7 外被構造による保護方式の分類 ………………………………………………………………………… 13
8 冷却方式による分類 ……………………………………………………………………………………… 13
9 温度上昇 …………………………………………………………………………………………………… 13
9.1 同期機絶縁の耐熱クラス ……………………………………………………………………………… 13
9.2 基準冷媒 ………………………………………………………………………………………………… 13
9.3 温度上昇試験の条件 …………………………………………………………………………………… 13
9.4 同期機各部分の温度上昇 ……………………………………………………………………………… 13
9.5 温度測定方法 …………………………………………………………………………………………… 14
9.6 巻線温度の決定 ………………………………………………………………………………………… 14
9.7 温度上昇試験の試験時間 ……………………………………………………………………………… 15
9.8 使用 S9 の同期機の等価熱時定数の決定 …………………………………………………………… 15
9.9 軸受の温度測定方法 …………………………………………………………………………………… 15
9.10 温度上昇又は温度の限度 ……………………………………………………………………………… 16
10 損失及び効率 ……………………………………………………………………………………………… 23
10.1 損失 ……………………………………………………………………………………………………… 23

(1)

10.2 効率	23
10.3 総合効率	23
10.4 規約効率及び実測効率	24
10.5 温度補正	24
10.6 損失の種類	24
11 その他の性能及び試験	25
11.1 ルーチン試験	25
11.2 絶縁耐力	26
11.3 同期機の過電流耐量	27
11.4 短絡電流強度	28
11.5 同期電動機の超過トルク	29
11.6 過速度	29
11.7 同期機の危険速度	29
11.8 往復機械直結同期発電機のはずみ車効果	29
11.9 往復機械駆動用同期電動機のはずみ車効果	29
11.10 往復機械直結同期機の固有周波数	30
11.11 10 MVA 以上のタービン発電機の起動回数	30
11.12 水素冷却式発電機の強度	30
11.13 ガスタービン発電機の出力特性	30
12 その他の要求事項	31
13 裕度	31
13.1 同期機の保証値に関する裕度	31
13.2 裕度の適用	31
14 試験及び検査	32
14.1 試験項目	32
14.2 試験方法	33
14.2.1 一般	33
14.2.2 一般特性試験	33
14.2.3 温度試験	42
14.2.4 耐電圧試験	45
14.2.5 効率試験	46
14.2.6 電動機特性試験	53
14.2.7 諸定数の測定	59
14.2.8 特殊試験	72
15 表示事項	72
15.1 定格銘板	72
15.2 端子記号	73
15.3 接続銘板	74
附属書A(規定)励磁装置	76
A.1 励磁装置の適用範囲	76

電気学会　電気規格調査会標準規格
JEC-2130：2016　正誤票-2
同期機

発行日： 2021年09月13日

項番	ページ	箇所	誤	正
1	57	22行目	$P_m = \dfrac{K_T I_{fN}}{I_{f2} \cos\theta}$	$P_m = \dfrac{K_T I_{fN} V}{I_{f2} \cos\theta}$
2	58	6行目	図22－脱出トルク	図22－脱出トルク係数
3	78	下6行目	JEC-2130 3.1 参照	JEC-2100 3.1 参照

A.2	励磁装置の種類	76
A.3	励磁装置の用語及び定義	78
A.4	励磁装置に対する要求事項	81
A.5	励磁装置の温度上昇	81
A.6	励磁装置の耐電圧試験	82
A.7	励磁装置の損失	84
A.8	励磁装置の特性試験	85
A.9	励磁装置構成機器の銘板	91

附属書B（参考）同期機のフェーザ図 ······ 92

附属書C（参考）ガスタービン発電機の補足 ······ 96

C.1	ベース出力特性及びピーク出力特性	96
C.2	定格出力	96
C.3	冷媒温度	97
C.4	運転条件を考慮した温度上昇限度又は温度限度の補正	98
C.5	温度上昇限度	99

附属書D（参考）リアクタンス及び時定数に対する飽和 ······ 101

附属書E（参考）漂遊負荷損の温度依存性及び補正の考え方 ······ 102

附属書F（参考）参考文献 ······ 103

解説 ······ 105

まえがき

　この規格は，一般社団法人電気学会 同期機標準特別委員会において 2012 年 10 月に改正作業に着手し，慎重審議の結果，2015 年 12 月に成案を得て，2016 年 3 月 23 日に電気規格調査会規格委員総会の承認を経て制定した，電気学会　電気規格調査会標準規格である。これによって，**JEC-2130**：2000 は改正され，この規格に置き換えられ，また，**JEC-2131**：2006 は廃止され，この規格に置き換えられた。

　この規格は，一般社団法人電気学会の著作物であり，著作権法の保護対象である。

　この規格の一部が，技術的性質をもつ特許権，出願公開後の特許出願，実用新案権，又は出願公開後の実用新案登録出願に抵触する可能性があることに注意を喚起する。一般社団法人電気学会は，このような技術的性質をもつ特許権，出願公開後の特許出願，実用新案権，又は出願公開後の実用新案登録出願に関わる確認について，責任をもたない。

電気学会　電気規格調査会標準規格

JEC 2130 : 2016

同期機
Synchronous Machines

序文

　この規格は，同期機に関する用語，使用及び定格，条件，性能，試験及び検査，表示などを規定した電気学会　電気規格調査会標準規格である。

　JEC-2100，**IEC 60034-1** などの関連する規格の内容と整合させ，**JEC-2131**：2006 を包含して改正した。

1 適用範囲
1.1 適用範囲

　この規格は，同期機に共通な一般標準事項について規定する。

　この規格は，次の同期機，及びその励磁装置に適用する。励磁装置の規定については，**附属書 A** による。

a) 同期発電機
b) 同期電動機
c) 同期調相機

　上記以外の同期機に対しても，この規格を適用できるものは，これを準用する。

1.2 回転電気機械一般規格との関係

　JEC-2100（回転電気機械一般）に記載されている事項であってこの規格に記載されていないか，又は説明の一部が省略されている部分については，**JEC-2100** の適用を受けるので，この規格と **JEC-2100** とを併用する。

　JEC-2131：2006（ガスタービン駆動同期発電機）は，この規格に包含した。

2 引用規格

　次に掲げる規格は，この規格に引用されることによって，この規格の規定の一部を構成する。これらの引用規格は，その最新版（追補を含む。）を適用する。ただし，引用した規格の箇条番号は，次に記載した版によった。

　JEC-0222：2009　　標準電圧
　JEC-2100：2008　　回転電気機械一般

3 用語及び定義

　この規格で用いる主な用語及び定義は，**JEC-2100** によるほか，次による。

3.1 同期機の種類

3.1.1
同期発電機

　直流によって励磁される界磁又は永久磁石による界磁を備え，機械動力を受けて，これを単相又は多相の交流電力に変換する同期機。

3.1.2
同期電動機

　直流によって励磁される界磁又は永久磁石による界磁を備え，単相又は多相の交流電力を受けて，これ

を機械動力に変換する同期機。

3.1.3

同期発電電動機

同期発電機及び同期電動機の両方の定格を有する同期機。

3.1.4

同期調相機

無効電力を電力系統から吸収又は電力系統へ供給する同期機。

注記　機械動力と交流電力との変換を目的としない。

3.1.5

二重給電同期機

固定子及び回転子の両巻線に交流電源を接続し，同期速度の上下のある範囲の速度で動作する同期機。

注記1　同期速度と回転速度との差に合わせて，回転子側の交流励磁電流の周波数を変化させる。

注記2　可変速揚水発電電動機などに用いられる。

注記3　誘導機の特性も有するため，同期機と誘導機との区別は，その使用による。

3.1.6

永久磁石同期発電機

界磁磁極に永久磁石を使用した同期発電機。

3.1.7

永久磁石同期電動機

界磁磁極に永久磁石を使用した同期電動機。

3.1.8

タービン発電機

蒸気タービン及び／又はガスタービンによって駆動される発電機。

注記　発電機を駆動する原動機には，蒸気タービン，ガスタービン，水車，エンジンなどがある。

3.2　同期機の特性

3.2.1

同期速度

極数 p の同期機に周波数 f Hz の交流電流が流れるときに発生する磁界の回転速度に等しい，式(1)に示す速度 n。

$$n = \frac{120f}{p} \quad (\text{min}^{-1}) \quad \cdots\cdots\cdots(1)$$

注記　定格周波数 f_N のときの同期速度 n を定格回転速度 n_0 という。

3.2.2

無拘束速度

同期機が電力系統から切り離され，かつ，調速機が作動しないときに到達し得る最大回転速度。

3.2.3

引入れトルク

定格周波数及び定格電圧の電源により始動して，ほぼ同期速度に近づいた同期電動機に励磁を加えたとき，同期電動機及び連結負荷の慣性モーメントに打ち勝って同期に入ることができる最大負荷トルク。

注記　引入れトルクを実測することは困難であり，一般に公称引入れトルクを用いる。

3.2.4
公称引入れトルク
同期電動機が定格周波数及び定格電圧において始動中に,便宜上,誘導電動機として5%の滑りにおいて利用できるトルク。

3.2.5
脱出トルク
定格周波数,定格電圧及び定格界磁電流一定のもとで,運転中の同期電動機が同期速度において発生し得る最大トルク。

3.2.6
反作用トルク
突極形同期機において直流励磁なしで突極性と電機子電流とによって発生するトルク。

3.2.7
V曲線
同期機を一定電機子電圧及び一定周波数のもとで運転し,無負荷又は一定出力のもとで界磁電流を増減したときの,界磁電流と電機子電流との関係を示す曲線。

注記 図1は,同期発電機のV曲線を示す。同期電動機のV曲線は,図23に示す。

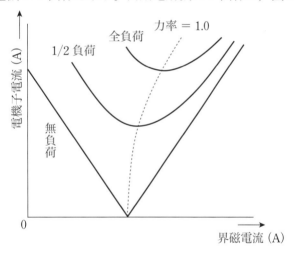

図1―同期発電機のV曲線

3.2.8
内部同期リアクタンス電圧
同期機のすべての磁路のパーミアンスが,指定された運転状態での値を維持するとの条件のもとで,主界磁巻線電流の定常成分によって発生する電機子相電圧。

注記 同期発電機では,内部同期リアクタンス電圧 $\dot{E}_f$ は式(2)及び図2で表される。

$$\dot{E}_f = \dot{V} + r_a \dot{I} + jX_q I_q + X_d I_d \quad \cdots\cdots\cdots(2)$$

ここに,　$\dot{V}$：電機子相電圧

　　　　　r_a：電機子抵抗

　　　　　$\dot{I}$：電機子電流（I_d, I_q はそれぞれ直軸分,横軸分を示す。）

　　　　　X：同期リアクタンス（X_d, X_q はそれぞれ直軸分,横軸分を示す。）

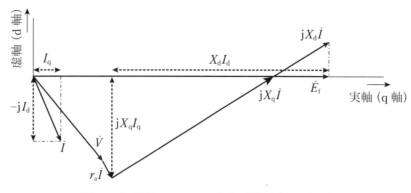

図2—同期機のフェーザ図（附属書B参照）

3.2.9
内部相差角

内部同期リアクタンス電圧と電機子相電圧との間の位相角。発電機では電機子相電圧の位相の遅れ，電動機では電機子相電圧の位相の進みの方向を正方向とする（**附属書B**参照）。

3.2.10
同期機の周期的最大変位角

原動機又は負荷の種類により角速度に周期的変化を生じた場合に，平均負荷に対応する内部相差角より変位する角度の最大値。

3.2.11
ベース出力特性

ガスタービンのベース出力曲線に対応した発電機出力特性で，定格電圧，定格回転速度，定格周波数及び定格力率において，現地運転で指定される冷媒温度の範囲に対応して現地で発電機端子から取り出せる皮相電力で表した連続出力特性（**C.1**参照）。

3.2.12
ピーク出力特性

ガスタービンのピーク出力曲線に対応した発電機出力特性で，定格電圧，定格回転速度，定格周波数及び定格力率において，現地運転で指定される冷媒温度の範囲に対応して現地で発電機端子から取り出せる皮相電力で表した連続出力特性（**C.1**参照）。

3.2.13
定格ピーク出力

ガスタービンのピーク出力曲線に対応し，定格出力を規定する特定の一次冷媒温度において，定格電圧，定格回転速度，定格周波数及び定格力率で，かつ，この規格で規定された温度上昇限度又は温度限度を超えることなく発電機端子から取り出せる皮相電力（**C.5.1**参照）。

3.2.14
最高使用出力

指定された冷媒温度の範囲における発電機の皮相電力の最高出力。

3.2.15
定格電圧，V_N

同期機が定格運転状態にあるときの，同期機の端子における電圧。

注記　特にことわりのない限り，電機子の定格電圧をいう。

3.2.16
定格界磁電流, I_{fN}

同期機が定格運転状態にあるときに,同期機の界磁巻線を流れる直流電流(**A.3.2.1** 参照)。

3.2.17
定格界磁電圧, V_{fN}

同期機が定格運転状態にあるときの,同期機の界磁巻線の直流電圧(**A.3.2.2** 参照)。

> **注記** 界磁巻線抵抗は,最高冷媒温度での定格運転状態における界磁巻線温度での値を使用する。使用の種類(**JEC-2100 3.1** 参照)が連続でない場合は,反復運転における界磁巻線の最高温度での値を使用する。

3.2.18
励磁装置定格電流, I_{EN}

励磁装置が連続して供給可能な出力電流をいい,同期機が規定運転条件範囲内で運転するときに要求される最大の界磁電流を下回らない電流(**A.3.1.1** 参照)。

> **注記1** 規定運転条件範囲とは,同期機に要求される負荷,回転速度,電圧及び周波数の変動範囲での運転状態をいう。
>
> **注記2** 2種類以上の定格をもつ同期機の励磁装置の定格電流は,同期機の各定格に対応する最大の界磁電流を下回らない電流とする。

3.2.19
励磁装置定格電圧, V_{EN}

励磁装置の出力電圧をいい,その値は励磁装置定格電流と同期機の界磁巻線抵抗値との積を下回らない電圧(**A.3.1.2** 参照)。

> **注記1** 界磁巻線抵抗値は,同期機の定格負荷状態における界磁巻線温度の値を用いる。
>
> **注記2** 2種類以上の定格をもつ同期機の励磁装置の定格電圧は,同期機の各定格に対応する最大の界磁電圧を下回らない電圧とする。

3.2.20
無負荷定格電圧時の界磁電流, I_{f0}

無負荷,定格回転速度の状態で,同期機に定格電圧を発生したときの同期機の界磁巻線を流れる直流電流(**A.3.2.3** 参照)。

3.2.21
無負荷定格電圧時の界磁電圧, V_{f0}

界磁巻線が25 ℃の状態で,無負荷定格電圧時の界磁電流 I_{f0} を流したときの同期機の界磁巻線の直流電圧(**A.3.2.4** 参照)。

3.2.22
無負荷定格電圧時のギャップ線上の界磁電流, I_{f0g}

同期機が無負荷,定格回転速度の状態で,ギャップ線上にて理論的に定格電圧を発生したときの同期機の界磁巻線を流れる直流電流(**A.3.2.5** 参照)。

3.2.23
無負荷定格電圧時のギャップ線上の界磁電圧, V_{f0g}

界磁巻線抵抗が V_{fN}/I_{fN} に等しいときに,ギャップ線上の界磁電流を流すために必要とされる同期機の界磁巻線の直流電圧(**A.3.2.6** 参照)

3.2.24
電流脈動率

同期機において，定格負荷時における電流の波形の包絡線を測定し，その最大値と最小値との差の定格電流に対する比で表す。

    注記　JEC-2100 2.73 における電流脈動率の定義とは異なる。

3.3　同期機の始動

3.3.1
自己始動，制動巻線始動

同期機の電機子回路に定格周波数の電源を接続し，制動巻線などをかご形誘導電動機の回転子巻線として利用して，かご形誘導電動機として始動，昇速終了後に励磁を与えて同期引入れする方法。次のような方法がある。

a) **全電圧始動**　定格電圧，定格周波数の電源電圧を直接加えて始動する方法。
b) **低減電圧始動**　始動時に始動電流を抑制するために，電動機電機子電圧を低減して始動する方法。

    注記　電圧低減の装置にはリアクトル，単巻変圧器などがある。

3.3.2
同期始動

同期機と別置きの始動用電源発電機の電機子回路を始動前に接続しておき，両者を励磁して同期状態を保ちながら始動用発電機を徐々に昇速させる方法。

3.3.3
始動電動機始動，直結電動機始動

同期機に直結された始動用電動機によって始動し，同期速度又は同期速度近くまで昇速した後に同期機を励磁して同期させる方法。

3.3.4
サイリスタ始動，インバータ始動

半導体周波数変換装置を使用した可変周波数電源を同期機の電機子回路に接続して，同期機を励磁して同期状態を保ちながら電源周波数を上昇させて，同期機を昇速させる方法。

    注記　同期電動機，揚水用発電電動機，ガスタービン発電機などの始動に使用される。

3.3.5
低周波始動

電源を低周波に保ち，同期機を接続してかご形誘導電動機として自己始動し，同期機に励磁を与えて電源と同期した後に，電源の周波数を上昇させて同期機を昇速する方法。

3.4　同期機の定数

3.4.1
直軸同期リアクタンス，X_d

定格周波数の定常運転状態において，電機子巻線に直軸分（これによって生じる起磁力が磁極の中心軸と同軸のもの）だけの電流が流れるとき，これによる各相の逆起電力を各相電流で除したリアクタンス成分。

3.4.2
横軸同期リアクタンス，X_q

定格周波数の定常運転状態において，電機子巻線に横軸分（これによって生じる起磁力が磁極の中心軸と電気的に 90° ずれたもの）だけの電流が流れるとき，これによる各相の逆起電力を各相電流で除したリ

アクタンス成分。

3.4.3
直軸過渡リアクタンス，X_d'

過渡状態において，電機子巻線に直軸分だけの過渡電流が流れるとき，これによる各相の逆起電力を各相電流で除したリアクタンス成分。

> 注記　過渡状態とは，同期機の状態が急変した後，T_d''（**3.4.11** 参照）から T_d'（**3.4.10** 参照）相当の時間領域における同期機の状態をいう。

3.4.4
直軸初期過渡リアクタンス，X_d''

初期過渡状態において，電機子巻線に直軸分だけの初期過渡電流が流れるとき，これによる各相の逆起電力を各相電流で除したリアクタンス成分。

> 注記　初期過渡状態とは，同期機の状態が急変した後，T_d''（**3.4.11** 参照）相当の時間領域における同期機の状態をいう。

3.4.5
横軸初期過渡リアクタンス，X_q''

初期過渡状態において，電機子巻線に横軸分だけの初期過渡電流が流れるとき，これによる各相の逆起電力を各相電流で除したリアクタンス成分。

3.4.6
逆相リアクタンス，X_2

定常運転状態において，電機子巻線に逆相電流が流れるとき，これによる各相の逆起電力を各相に流れた電流にて除したリアクタンス成分。

3.4.7
零相リアクタンス，X_0

定常運転状態において，電機子巻線に零相電流が流れるとき，これによる逆起電力を流れた電流によって除したリアクタンス成分。

3.4.8
ポーシェリアクタンス，X_p

負荷時の界磁電流を算定するために，電機子漏れリアクタンスの代わりに用いられる等価リアクタンス。

3.4.9
開路時定数，T_{do}'

電機子巻線開路時の界磁回路時定数。

3.4.10
直軸短絡過渡時定数，T_d'

電機子巻線短絡時の界磁回路時定数。

3.4.11
直軸短絡初期過渡時定数，T_d''

電機子巻線短絡時の制動回路時定数。

3.4.12
電機子時定数，T_a

同期機の電機子回路の時定数。

3.4.13
飽和値

磁気飽和の影響を考慮した値（**附属書 D** 参照）。

　　注記　磁気飽和の影響を考慮しない値を，不飽和値という。

3.4.14
短絡比，K_c

定格回転速度において，無負荷状態で定格電機子電圧を発生するのに必要な界磁電流と，電機子端子三相短絡状態で，定格電機子電流に等しい持続短絡電流を流すのに必要な界磁電流との比。

　　注記 1　短絡比の逆数は，単位法で表された X_d の飽和値に等しい。

　　注記 2　**IEC 60034-3** には，"タービン発電機については，その短絡比は発電機の形式を問わず 0.35 以上とする"と記載されている。

　　注記 3　一般に，短絡比を小さくすると同期機の大きさ及び損失は小さくなるが，その反面，系統安定性は低くなるため，高い短絡比が指定されることがある。

3.4.15
慣性定数，M

同期機を含む回転体の運動エネルギーを 2 倍して，皮相電力で表した定格出力で除した式(3)に示す定数。

$$M = 2H = \frac{J\omega^2}{S_N} \times 10^{-3} \quad (\text{kW·s/kVA}) \quad \cdots\cdots(3)$$

ここに，S_N：定格出力（kVA）

$\quad\quad J$：同期機を含む回転体の慣性モーメント（kg·m²）　$J = \dfrac{GD^2}{4}$

GD^2：はずみ車効果（kg·m²）

$\quad\quad \omega$：定格回転角速度（rad/s）　$\omega = \dfrac{2\pi}{60}n_0$

$\quad\quad n_0$：定格回転速度（min^{-1}）

　　注記 1　M は蓄積エネルギー定数 H の 2 倍である。H の定義については，**JEC-2100 2.77** による。

　　注記 2　M の単位は kW·s/kVA であるが，秒（s）と記載する場合もある。

　　注記 3　M は，同期機単体だけでなく同期機に機械的かつ継続的に接続されて回転する原動機，ポンプなどの回転体も含めた値であり，主に系統の安定性解析に使用される。

4 使用及び定格
4.1 使用
使用の種類，記号及び定義については，**JEC-2100 3.1** による。

4.2 定格
4.2.1 一般
4.2.2 及び 4.2.3 に記載されていない定格事項については，**JEC-2100 3.2** による。

4.2.2 定格出力及び定格容量の単位
定格出力及び定格容量の単位は，次による。

a) 同期発電機の定格出力は，電機子巻線端子における皮相電力で表し，その単位はボルトアンペア（VA），キロボルトアンペア（kVA）又はメガボルトアンペア（MVA）とし，定格力率を併記する。

b) 同期電動機の定格出力は，軸で得られる機械的出力をワット（W），キロワット（kW）又はメガワット（MW）で表す。

c) 同期調相機の定格容量は，電機子巻線端子における定格容量をバール（var），キロバール（kvar）又はメガバール（Mvar）で表す。

4.2.3 定格条件

同期機の定格条件は，以下の定格事項によって与えられる。

a) 定格出力又は定格容量
b) 定格周波数
c) 定格電圧
d) 定格電流
e) 定格力率
f) 定格回転速度
g) 基準冷媒の基準温度

必要に応じて以下を適用する。

h) 定格水素圧力
i) 水素純度
j) 標高

5 運転条件

運転条件については，**JEC-2100 箇条 4** による。

ただし，冷媒として水素が使用される水素冷却式発電機は，体積比として水素95％以上の冷媒にて，現地運転で指定された冷媒温度の範囲で，その冷媒温度に対応した出力で運転できなければならない。

なお，水素純度は，安全性の理由から冷媒に含まれる水素以外の気体は空気であると仮定し，いかなる場合においても常に90％以上に維持されなければならない。

6 電気的条件

6.1 電圧

商用周波数（50 Hz 又は 60 Hz）の三相同期機を配電系統又は利用系統に直接接続する場合は，その定格電圧を **JEC-0222** に規定された公称電圧から選択するのが望ましい。

次の電圧を定格電圧の標準値として推奨する。

$$100\text{ V},\ 200\text{ V},\ 230\text{ V},\ 400\text{ V},\ 3\,300\text{ V},\ 6\,600\text{ V},\ 11\,000\text{ V}$$

ただし，最適特性の観点から上記の標準値以外の電圧を選ぶことができる。

6.2 力率

次の力率を定格力率の標準値として推奨する。

$$0.80,\ 0.85,\ 0.90,\ 0.95,\ 1.00$$

6.3 電流及び電圧の波形及び対称性

6.4 に記載されていない電流及び電圧の波形及び対称性については，**JEC-2100 5.2** による。

6.4 不平衡電流

特に指定のない限り，三相同期機は，相電流がいずれも定格電流を超えず，定格電流 I_N に対する逆相電流 I_2 の比が**表1**に規定する値を超えない不平衡負荷で，連続的に使用できるものでなければならない。

また，故障状態で，$(I_2/I_N)^2$ と時間 t 秒との積が**表1**の値を超えない範囲で運転ができるものでなければならない。

表1—同期機に対する不平衡運転条件

項目	同期機の種類		連続運転に対する I_2/I_N の最大値	故障状態での運転に対する $(I_2/I_N)^2 \cdot t$ の最大値
突極機[a]				
1	間接冷却式			
		電動機	0.1	20
		発電機	0.08	20
		同期調相機	0.1	20
2	直接冷却式（内部冷却式）固定子及び／又は回転子			
		電動機	0.08	15
		発電機	0.05	15
		同期調相機	0.08	15
円筒機				
3	間接冷却式回転子			
		空冷式	0.1	15
		水素冷却式	0.1	10
4	直接冷却式（内部冷却式）回転子			
		$S_N \leq 350$ MVA	0.08	8
		350 MVA $< S_N \leq 900$ MVA	[b]	[c]
		900 MVA $< S_N \leq 1\,250$ MVA	[b]	5
		$1\,250$ MVA $< S_N \leq 1\,600$ MVA[d]	0.05	5

注[a] 円筒機でも積層鉄心構造の回転子をもつ同期機は，突極機の項目に分類する。
注[b] これらの同期機については，I_2/I_N の値は次のとおりとする。

$$\frac{I_2}{I_N} = 0.08 - \frac{S_N - 350}{3 \times 10^4}$$

ここに，S_N は定格出力で，単位は MVA

注[c] これらの同期機については，$(I_2/I_N)^2 \cdot t$ の値は次のとおりとする。

$$\left(\frac{I_2}{I_N}\right)^2 \cdot t = 8 - 0.005\,45(S_N - 350)$$

ここに，S_N は定格出力で，単位は MVA

注[d] 1 600 MVA を超える場合については，受渡当事者間の協定による。

6.5 短絡電流及び直軸初期過渡リアクタンス

特に指定がない限り，定格電圧運転中に全相の短絡が生じた場合の短絡電流の波高値は，定格電流の波高値の 15 倍又は実効値の 21 倍を超えないものとする。計算，又は定格の 50 ％以上の電圧による短絡試験によって確認する。

10 MVA 以上のタービン発電機では，当事者間の協定がない限り，直軸初期過渡リアクタンスの飽和値は 10 ％以上でなければならない。

6.6 波形

同期機に起因する障害を最小限にする目的で商用周波数（50 Hz 又は 60 Hz）の電力系統に接続される 300 kW（又は kVA）以上の同期機は，電機子開路，定格回転速度及び定格電圧での試験条件下にて，電機子線間電圧のひずみ率 THD（Total Harmonic Distortion）は 5 ％を超えてはならない。

なお，ひずみ率 THD だけを規定し，個々の高調波成分の制限値は規定しない。

ひずみ率 THD の算出については，**14.2.2.6** による。

6.7 運転中の電圧及び周波数変動

同期機に対する電源の電圧変化と周波数変動との組合せの適用は，次のとおりとする。

a) 同期発電機（定格出力 **10 MVA** 以上のタービン発電機を除く）及び同期調相機　図 **3** の領域 A 又は領域 B
b) 同期電動機　図 **4** の領域 A 又は領域 B
c) 定格出力 **10 MVA** 以上のタービン発電機　図 **5** の領域 A 又は領域 B

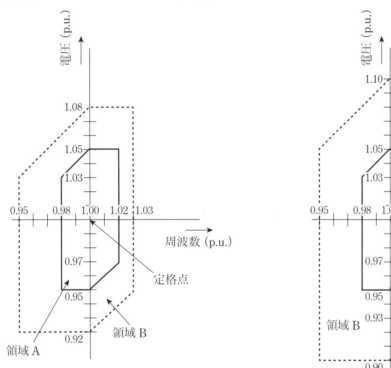
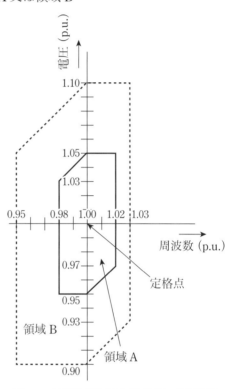

図 3—同期発電機及び同期調相機の電圧及び周波数　　　図 4—同期電動機の電圧及び周波数

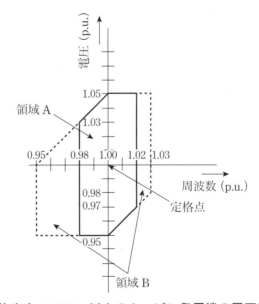

図 5—定格出力 **10 MVA** 以上のタービン発電機の電圧及び周波数

領域 A 内の電圧変動及び周波数変動に対し，同期機は，**表 2** に示す主要機能を連続的に発揮できなけれ

ばならない。このとき，定格点にて定められた特性値を完全に満足する必要はなく，差異があってもよい。また，温度上昇は，定格点における値より高くなってもよい。

領域B内の電圧変動及び周波数変動に対し，同期機は，**表2**に示す主要機能を発揮できなければならない。このとき，特性値は，定格点との差異が領域A内の場合より大きくなってもよい。温度上昇は，ほとんどの場合，領域A内における値より高くなる。

なお，領域Bの境界周辺上で長時間運転することは，奨められない。

注記1 同期機は，実際の運転条件下では，領域Aの範囲を超える連続運転が求められる場合がある。この場合，持続時間及び頻度が制限されるべきである。実用的には，例えば，合理的な期間，出力を制限するなどの適正な方法を取れば，温度による同期機の寿命低下を避けられる。

注記2 この規格で規定する温度上昇限度は，定格点において適用され，運転点が定格点から離れたところでは，規格の限度を超えることがある。領域Aの境界部では，規定温度上昇限度より10 K程度高くなることがある。

注記3 定格出力10 MVA以上のタービン発電機の場合
— 低周波数過電圧（過励磁）運転又は高周波数低電圧（不足励磁）運転は，稀な運転状態である。低周波数過電圧運転は，界磁巻線の温度上昇の増加を引き起こしやすい。
  図5に示した範囲は，タービン発電機及びそれに接続される変圧器の過励磁又は不足励磁運転を，各々5％以内に抑制する運転範囲である。
— **図5**に示された範囲内のある部分においては，タービン発電機の励磁又は安定度上の余裕は減少する。
— 定格点以外の周波数でのタービン発電機の運転では，タービン本体，所内補機など，タービン発電機以外の機器に与える影響も重要となる。

注記4 発電機を駆動する原動機などの調速装置の標準的な設定の上限が，発電機の周波数上限を上回る場合がある。一般に，国内電力系統及び連系する所内系統の周波数が，定格に対して±0.5％を超過することは稀であり，実用上支障にならない。しかし，小規模の単独系統を運用する場合など，周波数変動が比較的大きくなる場合には，原動機などの調速装置設定及び保護継電器整定において発電機の周波数上限を考慮することが望ましい。

例1 蒸気タービンの調速装置設定（無負荷）は106％以下（**JIS B 8101**参照）

例2 ガスタービンの調速装置設定は105％以下（**JIS B 8042-3**参照）

注記5 同期調相機の範囲は，**JEC-2130：2000**では**図4**であったが，**JEC-2100**に合わせて**図3**とする。ただし，同期調相機にはその運用面から**図3**の領域Bを超える運転を求められる場合がある。

主要機能は，**表2**による。

表2—主要機能

項目	同期機の種類	主要機能
1	同期発電機	定格力率及び定格出力（kVA） 周囲空気を冷媒として使用するガスタービン発電機においては，指定された周囲空気温度の範囲での定格力率における出力
2	同期電動機	定格トルク（N·m） 励磁は定格負荷状態における界磁電流又は調整可能であれば定格力率状態
3	同期調相機	受渡当事者間で協定のない限り，**図3**の領域内で定格容量（kvar）

7 外被構造による保護方式の分類

外被構造による保護方式の分類については，**JEC-2100 箇条 6** による。

8 冷却方式による分類

冷却方式による分類については，**JEC-2100 箇条 7** による。

9 温度上昇

9.1 同期機絶縁の耐熱クラス

同期機絶縁の耐熱クラスについては，**JEC-2100 8.1** による。

9.2 基準冷媒

同期機の温度上昇を定めるときの基準となる冷却媒体を基準冷媒という。同期機を冷却する各方式に対して使用する基準冷媒を**表 3** に示す。

表 5 及び**表 6** は，記載の耐熱クラスの絶縁方式を使って，間接冷却形同期機に適用される温度上昇の限度値を規定する。**表 10** は，直接冷却巻線をもつ同期機に適用される温度の限度値を規定する。

これらの限度値は，**箇条 5** に規定した現地の設置場所の条件，及び連続定格（基準条件）において運転する同期機に適用される。

表 3 は，冷却の方式を示し，**表 5**，**表 6** 又は**表 10** のいずれかがそれぞれの方式に適用されるかを規定する。基準冷媒の温度は **9.10** によって決定され，温度上昇の限度値又は温度の限度値は，この基準冷媒の最高温度に基づいて規定される。

表 3 ― 冷却方式及び基準冷媒

項目	一次冷媒	冷却方式	二次冷媒	適用表番号	左欄記載の表が規定する限度値	基準冷媒
1	空気	間接	なし	表 5	温度上昇	周囲空気（一次冷媒）
2	空気	間接	空気	表 5		周囲空気（二次冷媒）[a]
3	空気	間接	水	表 5		同期機への入口での気体（一次冷媒）又は冷却水（二次冷媒）[b]
4	水素	間接	水	表 6		
5	空気	直接	なし	表 10	温度	周囲空気（一次冷媒）
6	空気	直接	空気	表 10		周囲空気（二次冷媒）[a]
7	空気	直接	水	表 10		同期機への入口での気体（一次冷媒），又は巻線への入口での気体若しくは液体（一次冷媒）
8	水素又は液体	直接	水	表 10		

注[a] 基準冷媒として，周囲空気の代わりに，同期機への入口の空気（一次冷媒）を使用してもよい。
注[b] 巻線が間接冷却であり，水冷式熱交換器をもつ同期機は，基準冷媒として一次又は二次冷媒のどちらかを使用することができる。表面冷却式水中同期機又は水ジャケット冷却式同期機は，基準冷媒として二次冷媒を使用する。

9.3 温度上昇試験の条件

温度上昇試験の条件については，**JEC-2100 8.3** による。

9.4 同期機各部分の温度上昇

9.5 による適切な方法で測定した同期機の各部分の温度と，**JEC-2100 8.3.4** に従って測定した冷媒温度との差を，同期機のその部分の温度上昇 $\Delta\theta$ とする。

表 5，**表 6** 又は**表 10** の温度上昇限度又は温度限度と比較する場合，可能であれば，温度は **9.7** に規定する温度上昇試験の終了時，同期機が回転を止める前に直ちに測定する。これが可能でないとき，例えば，抵抗法のうち直接測定法を使う場合は，**JEC-2100 8.6.2**(3)に従う。反復定格（使用 S3～S8）の同期機に

対しては，試験終了時の温度を，試験の最終サイクルの最大の発熱を生じる期間の中央における温度とする（**JEC-2100 8.7.3** 参照）。

9.5 温度測定方法

9.5.1 一般

同期機の巻線及びその他の部分の温度の測定方法には，次の3方法がある。
— 抵抗法
— 埋込温度計法（ETD）
— 温度計法

同期機の種類，出力又は容量，測定箇所に応じて適切な方法を選定する。

表5，**表6** 又は **表10** には，同期機の同一部分に対して複数の温度測定法を示しているが，これは，同一部分の温度を二つ以上の方法で測定することを意味するものではない。仕様書などに温度上昇限度（間接冷却形に適用）又は温度限度（直接冷却形に適用）を示すときは，必ず適用する温度測定法を併記しなければならない。

9.5.2 抵抗法

抵抗法については，**JEC-2100 8.5.1** による。

9.5.3 埋込温度計法

埋込温度計法については，**JEC-2100 8.5.2** による。

9.5.4 温度計法

温度計法については，**JEC-2100 8.5.3** による。

9.6 巻線温度の決定

9.6.1 巻線温度測定法の選択

通常は，同期機の巻線の温度測定には抵抗法を適用する。

定格出力 5 000 kW（又は kVA）以上の同期機の電機子（固定子）巻線に対しては，ほかに協定がない限り，埋込温度計法を適用する。

定格出力 200 kW（又は kVA）超過 5 000 kW（又は kVA）未満の同期機の電機子巻線に対しては，他に協定がない限り，製造者は，抵抗法又は埋込温度計法のどちらかを選択する。

定格出力 200 kW（又は kVA）以下の同期機の電機子巻線に対しては，ほかに協定がない限り，抵抗法を適用する。

定格出力 600 W（又は VA）以下の同期機の電機子巻線に対しては，巻線が一様でない場合又は必要な接続をするのが困難な場合は，温度上昇値は温度計法によって決定してもよい。この場合，**表5** の項目 1-4 の抵抗法の値を，温度計法の温度上昇限度として適用する。

単層巻の同期機の電機子巻線に対しては，抵抗法を適用する。

同期機の界磁巻線に対しては，抵抗法が望ましいが，温度計法を適用してもよい。

巻線の温度測定に関して，温度計法は，埋込温度計法及び抵抗法が適用できない場合に適用する。

また，温度計法は，次のような場合にも適用できる。
— 抵抗法によって温度上昇を決定することが実際的でない場合，例えば，一般に低抵抗の巻線，特に全体の抵抗に比べ接合部の抵抗が無視できない場合。
— 固定部又は回転部の単層巻線
— 量産機のルーチン試験の場合
— ブラシレス励磁機の電機子（回転子）巻線

注文者が抵抗法又は埋込温度計法で定められた温度上昇のほかに，接近し得る最高温度部の温度計法による読みを要求する場合は，受渡当事者間の協定による。その場合の測定結果は，表4の温度上昇限度を超えてはならない。

表4―温度計法による測定時の温度上昇限度

単位　K

耐熱クラス	温度上昇限度
105（A）	65
120（E）	80
130（B）	90
155（F）	115
180（H）	140

直接冷却形電機子巻線の同期機については，巻線の出口冷媒温度を測定する温度計法を用いる。

9.6.2　抵抗法による温度上昇の決定

抵抗法による温度上昇の決定については，**JEC-2100 8.6.2** による。

9.6.3　埋込温度計法による温度上昇の決定

埋込温度計法による温度上昇の決定については，**JEC-2100 8.6.3** による。

9.6.4　温度計法による測定

間接冷却形電機子巻線の同期機については，温度計は最高温度となると思われる箇所（鉄心に近いコイルエンドなど）に一次冷媒に触れないよう，巻線又は同期機の他の部分と熱的にしっかり接触させ，また，安全性を配慮して設置する。

いずれかの温度計の読みの最大値を，巻線又は同期機の他の部分の温度とみなすことができる。

直接冷却形電機子巻線の同期機については，巻線の冷媒出口温度を測定する温度計素子の数は，少なくとも3個以上とする。

冷媒温度を測定する温度計素子の取り付けについては，次による。

― これらの素子は冷媒に直に接触していなければならない。
― ガス冷却の場合は，電気的に悪影響を与えない範囲で，コイルのガス出口ダクトに近接させて取り付ける。
― 水冷却の場合は，フレーム内の配管又は，フレーム出口に近い配管に取り付ける。ただし，測定箇所と冷媒の巻線出口箇所とで大きな温度差が出ないように，注意が必要である。

直接冷却形同期機の場合，埋込温度計法による測定温度が電機子巻線の最高温度を示すとは限らないため，**表10** の項目1の最高冷媒温度を遵守することが巻線の過熱を防止することになる。埋込温度計法による温度上昇限度を定めることは，鉄心温度上昇に影響されて絶縁が過熱することに対する保護という意図がある。

直接冷却形同期機の埋込温度計の指示値は，電機子巻線の温度監視に代用できる。

9.7　温度上昇試験の試験時間

温度上昇試験の試験時間については，**JEC-2100 8.7** による。

9.8　使用 S9 の同期機の等価熱時定数の決定

不規則な負荷及び速度変化を伴う使用（S9）の同期機の等価熱時定数の決定については，**JEC-2100 8.8** による。

9.9　軸受の温度測定方法

軸受の温度測定方法については，**JEC-2100 8.9** による。

9.10 温度上昇又は温度の限度

9.10.1 一般

温度上昇又は温度の限度は，箇条5に規定した設置場所の条件，及び連続定格（基準条件）における運転に対して定められている。規定外の設置場所及び／又は他の定格において運転する場合，後述する方法により限度を補正する。また，試験場所の条件が，設置場所の条件と異なる場合は，別の方法によって温度上昇試験時の限度を補正する。

ただし，同期機が規定した最高値よりも低い冷媒温度で運転される場合，温度上昇の限度値又は温度の限度値は，補正を行った最高の冷媒温度で適用する限度値よりも高くなってはならない。

9.10.2 間接冷却巻線を有する同期機の温度上昇限度

同期機の温度上昇限度を規定するための基準冷媒の温度の基準値は，次のいずれかとする。

a) 基準冷媒を一次冷媒又は二次冷媒（空気）とする場合の基準冷媒の温度　40 ℃
b) 基準冷媒を二次冷媒（水）とする場合の基準冷媒の温度　25 ℃

基準条件の下で同期機を定格出力で運転したとき，基準値からの温度上昇は，表5又は表6に示した限度を超えてはならない。ただし，基準冷媒を二次冷媒（水）とする場合の温度上昇限度は，表5又は表6の値に15 Kを加える。

冷媒温度が基準外の場合，設置場所の標高が基準外の場合，定格が連続定格以外の場合，又は定格電圧が12 000 Vを超える場合は，表7に従って温度上昇限度を補正する。

巻線が空気によって間接冷却される場合，試験場所の条件が，設置場所の条件と異なっていれば，表9で与えられる補正された限度を試験場所で適用する。表9に示した補正の結果，試験場所での許容温度が製造者にとって過大と考えられる場合は，受渡当事者間の協定によって試験手順及び限度を定める。

9.10.3 直接冷却巻線を有する同期機の温度限度

基準冷媒の温度の基準値は40 ℃とする。

基準条件の下で同期機を定格出力で運転したとき，温度は，表10に示した限度を超えてはならない。

規定外の設置場所及び／又は連続定格以外の定格の場合は，表11に従って温度限度を補正する。

試験場所の条件と設置場所の条件とが異なる場合には，表12に従って温度限度を補正する。

表11に示した補正の結果，試験場所での許容温度が製造者にとって過大と考えられる場合は，受渡当事者間の協定によって試験手順及び限度を定める。

9.10.4 間接及び直接の両冷却方式の巻線を有する同期機

間接及び直接の両冷却方式の巻線を有する同期機の場合，各巻線の温度上昇の限度値又は温度の限度値は，それぞれに適用される表による。

9.10.5 ピーク出力運転発電機の温度上昇限度又は温度限度

定格ピーク出力をもつ発電機において，15 Kを限度として表5，表6又は表10に示す温度上昇限度又は温度限度を高くすることができる（C.4参照）。

ただし，一次冷媒である水又は液体の温度限度を上げることは，沸騰現象により急激な圧力上昇が発生するおそれがあることから，定格ピーク出力における温度限度は，表10の値のままとし，15 Kを限度として温度限度を高くすることはしない（C.5.3参照）。

注記　ピーク出力運転は，定格運転の場合より絶縁物が熱的に3～6倍の速さで劣化するため，発電機の寿命を短くする。

9.10.6 試験時の水素純度による補正

水素で直接又は間接的に冷却される同期機は，水素の純度に関わらず，許容された温度上昇又は温度の

限度に対して補正しない。

9.10.7 短絡巻線(制動巻線),鉄心及び構造構成物(軸受を除く)

短絡巻線(制動巻線),鉄心及び構造構成物については,**JEC-2100 8.10.2** による。

9.10.8 スリップリング,並びにそのブラシ及びブラシホルダ

スリップリング,並びにそのブラシ及びブラシホルダは,**JEC-2100 8.10.3** による。

表5—空気間接冷却形同期機の温度上昇限度 Δθ

単位 K

項目	同期機の部分	105 (A) 温度計法	105 (A) 抵抗法	105 (A) 埋込温度計法	120 (E) 温度計法	120 (E) 抵抗法	120 (E) 埋込温度計法	130 (B) 温度計法	130 (B) 抵抗法	130 (B) 埋込温度計法	155 (F) 温度計法	155 (F) 抵抗法	155 (F) 埋込温度計法	180 (H) 温度計法	180 (H) 抵抗法	180 (H) 埋込温度計法
1-1	出力5 000 kW（又はkVA）以上の同期機の電機子巻線	—	60	65[a]	—	75	80[a]	—	80	85[a]	—	105	110[a]	—	125	130[a]
1-2	出力200 kW（又はkVA）超過5 000 kW（又はkVA）未満の同期機の電機子巻線	—	60	65[a]	—	75	80[a]	—	80	90[a]	—	105	115[a]	—	125	135[a]
1-3	出力200 kW（又はkVA）以下で，項目1-4又は項目1-5以外の同期機の電機子巻線	—	60	—	—	75	—	—	80	—	—	105	—	—	125	—
1-4	出力600 W（又はVA）未満の同期機の電機子巻線	—	65	—	—	75	—	—	85	—	—	110	—	—	130	—
1-5	冷却扇なしの自冷形（IC40）及び／又はモールド絶縁を有する電機子巻線	—	65	—	—	75	—	—	85	—	—	110	—	—	130	—
2	項目3以外の界磁巻線[b]	50	60	—	65	75	—	70	80	—	85	105	—	105	125	—
3-1	スロット内に埋め込んだ直流界磁巻線をもつ円筒形回転子の同期機の界磁巻線で，誘導同期電動機以外のもの	—	—	—	—	—	—	—	90	—	—	110	—	—	135	—
3-2	二層巻以上の低抵抗界磁巻線	60	60	—	75	75	—	80	80	—	100	100	—	125	125	—
3-3	露出した裸導体又はワニス処理した単層界磁巻線[c]	65	65	—	80	80	—	90	90	—	110	110	—	135	135	—

注[a] 高電圧交流巻線の場合に補正が適用される項目（表7の項目5参照）
注[b] ブラシレス励磁巻線の場合の電機子（回転子）巻線を含む。
注[c] 多層巻線であっても，下層巻線が一次冷却媒にそれぞれ接触している場合も含む。

表6－水素間接冷却形同期機の温度上昇限度 Δθ

単位 K

項目	同期機の部分		耐熱クラス							
			105 (A)		120 (E)		130 (B)		155 (F)	
			抵抗法	埋込温度計法	抵抗法	埋込温度計法	抵抗法	埋込温度計法	抵抗法	埋込温度計法
1-1	出力 5 000 kW（又は kVA）以上、又は鉄心長 1 m 以上の同期機の電機子巻線 [a]	絶対水素圧力 ≦ 150 kPa	―	―	―	―	―	85[b]	―	105[b]
		150 kPa ＜ 絶対水素圧力 ≦ 200 kPa	―	―	―	―	―	80[b]	―	100[b]
		200 kPa ＜ 絶対水素圧力 ≦ 300 kPa	―	―	―	―	―	78[b]	―	98[b]
		300 kPa ＜ 絶対水素圧力 ≦ 400 kPa	―	―	―	―	―	73[b]	―	93[b]
		400 kPa ＜ 絶対水素圧力	―	―	―	―	―	70[b]	―	90[b]
1-2	出力 5 000 kW（又は kVA）未満、又は鉄心長 1 m 未満の同期機の電機子巻線		60	65[b]	75	80[b]	80	85[b]	100	110[b]
2	項目3及び項目4以外の同期機の直流界磁巻線		60	―	75	―	80	―	105	―
3	直流励磁形の円筒形回転子機の界磁巻線		―	―	―	―	85	―	105	―
4-1	多層低抵抗界磁巻線		60	―	75	―	80	―	100	―
4-2	露出した裸導体又はワニス処理した単層界磁巻線 [c]		65	―	80	―	90	―	110	―

注 [a] 温度上昇限度が水素圧力に依存するのは、この項目のみである。
注 [b] 高電圧交流巻線の場合に補正が適用される項目（表7の項目5参照）
注 [c] 多層巻線であっても、下層巻線がそれぞれ冷媒に接触している場合も含む。

表7—基準外運転条件及び定格を考慮した間接冷却巻線の設置場所における温度上昇限度 $\Delta\theta$ の補正

項目	運転条件又は定格		表5又は表6における温度上昇限度 $\Delta\theta$ の補正
1-1	周囲空気の温度の最高値又は同期機入口部の冷媒温度の最高値 θ_C 標高が1 000 m以下	$0\ °C \leq \theta_C \leq 40\ °C$，かつ，耐熱クラスの許容最高温度 θ_{cls} と（40 °C ＋ $\Delta\theta$）[b]との差が5 K以下，かつ，耐熱クラスが130（B），155（F），又は180（H）	40 °Cと冷媒温度の最高値 θ_C との差を加える[a]。
1-2		$0\ °C \leq \theta_C \leq 40\ °C$，かつ，耐熱クラスの許容最高温度 θ_{cls} と（40 °C ＋ $\Delta\theta$）[b]との差が5 K超過，かつ，耐熱クラスが130（B），155（F），又は180（H）	40 °Cと冷媒温度の最高値 θ_C との差に，係数 $\left(1-\dfrac{\theta_{cls}-(40\ °C+\Delta\theta)}{80\ K}\right)$ を乗じて加える[a]。$\Delta\theta$ は表5又は表6に示す温度上昇限度である。
1-3		$0\ °C \leq \theta_C \leq 40\ °C$，かつ，耐熱クラスが105（A）又は120（E）	受渡当事者間の協定によって，最高を30 Kとして40 °Cと冷媒温度の最高値 θ_C との差を加えることができる。
1-4		$40\ °C < \theta_C \leq 60\ °C$	冷媒温度が40 °Cを超えた分を差し引く。
1-5		$\theta_C < 0\ °C$ 又は $\theta_C > 60\ °C$	受渡当事者間の協定による。
2	ガスタービン発電機の冷媒温度の最高値 θ_C [c]	$10\ °C \leq \theta_C \leq 60\ °C$	40 °Cと冷媒温度の最高値 θ_C との差を加える。
		$-20\ °C \leq \theta_C < 10\ °C$	30 Kを加え，さらに10 °Cと冷媒温度の最高値 θ_C との差に係数0.5を乗じて加える。
		$\theta_C < -20\ °C$ 又は $\theta_C > 60\ °C$	受渡当事者間の協定による。
3	水冷式熱交換器入口部の水の最高温度又は表面冷却式水中同期機若しくは水ジャケット冷却式同期機の水温 θ_W	$5\ °C \leq \theta_W \leq 25\ °C$	15 Kを加え，さらに25 °Cと最高水温 θ_W との差を加える。
		$\theta_W > 25\ °C$	15 Kを加え，最高水温 θ_W と25 °Cとの差を差し引く。
4	標高 H	1 000 m $< H \leq$ 4 000 mで最高周囲温度の指定のない場合	補正しない。標高による冷却効果の減少は，最高周囲温度が40 °Cより低くなることによって補償されると考えられるため，合計温度は40 °Cに表5又は表6の温度上昇を加えた値を超えないと考えられる[d]。
		$H > 4\ 000$ m	受渡当事者間の協定による。
5	電機子巻線の定格電圧 U_N	12 kV $< U_N \leq$ 24 kV	埋込温度計法によって測定する場合は，12 kVを超える1 kV又はその端数ごとに1 Kを差し引く。
		$U_N > 24$ kV	受渡当事者間の協定による。
6[e]	定格出力が5 000 kW（又はkVA）未満である短時間使用（S2）定格		10 Kを加える。
7[e]	不規則な負荷及び速度変化を伴う使用（S9）定格		同期機の運転中，短時間だけ温度上昇限度を超えてもよい。
8[e]	多段階一定負荷／速度使用（S10）定格		同期機の運転中，過負荷期間だけ温度上昇限度を超えてもよい。

注[a] 耐熱クラスの許容最高温度を超えないように，温度測定法の特性を考慮して，最高冷媒温度と冷媒温度の基準値40 °Cとの差を補正した値である。
注[b] （40 °C ＋ $\Delta\theta$）は，冷媒温度の基準値40 °Cと表5又は表6に示す温度上昇限度 $\Delta\theta$ との和であり，各耐熱クラスの許容最高温度を，温度測定法の特性を考慮して補正した値である。
注[c] コンバインドサイクル発電所向け発電機は，蒸気タービン発電機とガスタービン発電機との要求仕様を合わせる場合があるため，受渡当事者間の協定により，項目1又は項目2の補正を，ガスタービン発電機と蒸気タービン発電機とに共通に適用してもよい。
注[d] 周囲温度の減少を，1 000 mを超える標高を100 mごとに表5の項目1-2又は項目1-3の温度上昇限度の1 %とし，1 000 m以下の最高周囲温度を40 °Cと仮定すると，設置場所の想定最高周囲温度は，表8のようになる。
注[e] 空気冷却巻線に適用する。

表8 — 想定最高周囲温度

単位 ℃

標高 m	耐熱クラス				
	105 (A)	120 (E)	130 (B)	155 (F)	180 (H)
1 000	40	40	40	40	40
2 000	34	33	32	30	28
3 000	28	26	24	19	15
4 000	22	19	16	9	3

表9 — 空気間接冷却巻線に対する試験場所の条件を考慮した温度上昇限度 $\Delta\theta_T$

項目	試験条件		試験場所での補正された限度 $\Delta\theta_T$
1	試験場所の基準冷媒の温度 θ_{CT} と運転場所の基準冷媒の温度 θ_C との差	$(\theta_C - \theta_{CT})$ の絶対値 $\leq 30\,K$	$\Delta\theta_T = \Delta\theta$
		$(\theta_C - \theta_{CT})$ の絶対値 $> 30\,K$	受渡当事者間の協定による。
2	試験場所の標高 H_T と運転場所の標高 H との差	$1\,000\,m < H \leq 4\,000\,m$ $H_T \leq 1\,000\,m$	$\Delta\theta_T = \Delta\theta\left(1 - \dfrac{H - 1\,000\,m}{10\,000\,m}\right)$
		$H \leq 1\,000\,m$ $1\,000\,m < H_T \leq 4\,000\,m$	$\Delta\theta_T = \Delta\theta\left(1 + \dfrac{H_T - 1\,000\,m}{10\,000\,m}\right)$
		$1\,000\,m < H \leq 4\,000\,m$ $1\,000\,m < H_T \leq 4\,000\,m$	$\Delta\theta_T = \Delta\theta\left(1 + \dfrac{H_T - H}{10\,000\,m}\right)$
		$H > 4\,000\,m$ 又は $H_T > 4\,000\,m$	受渡当事者間の協定による。

注記1 補正前の温度上昇限度 $\Delta\theta$ は**表5**に示されており,必要があれば**表7**に従って補正する。
注記2 水冷式熱交換器の入口部の水温を基準にして温度上昇を測定する場合は,標高が空気と水の温度差に与える影響を厳密に考慮する。しかし,大部分の熱交換器の設計では,この影響は小さく,標高が上がると増加する差は,ほぼ2 K/1 000 m程度である。補正の必要があれば,受渡当事者間の協定による。

表10—直接冷却形同期機の温度限度 θ

単位 ℃

項目	同期機の部分	130（B）			155（F）		
		温度計法	抵抗法	埋込温度計法	温度計法	抵抗法	埋込温度計法
1	電機子巻線の冷媒出口温度						
-1	ガス（空気，水素，ヘリウムなど）	110	—	—	130	—	—
-2	水	90[b]	—	—	90[b]	—	—
2	電機子巻線						
-1	ガス冷却	—	—	120	—	—	145
-2	液体冷却	—	—	120[b]	—	—	145[b]
3	円筒形回転子機の界磁巻線						
-1	界磁巻線冷却ガスの出口数が次のガス冷却[a]						
	1及び2	—	100	—	—	115	—
	3及び4	—	105	—	—	120	—
	5及び6	—	110	—	—	125	—
	7〜14	—	115	—	—	130	—
	14超過	—	120	—	—	135	—
-2	液体冷却	項目1-2で規定される最大冷媒温度が遵守されれば，スポット温度は過大にはならない[b]。					
4	項目3以外の同期機の界磁巻線						
-1	ガス冷却	—	130	—	—	150	—
-2	液体冷却	項目1-2で規定される最大冷媒温度が遵守されれば，スポット温度は過大にはならない[b]。					

注[a] 界磁巻線の冷却は，界磁巻線全長にわたる半径方向排気領域の数でクラス分けされる。
端部巻線の冷媒の排気領域は，両端各1個と数える。
二つの軸方向の対向する冷媒の流れの共通排気領域は，2個と数える。

注[b] 定格ピーク出力をもつ発電機においては，15 Kを限度として温度限度を高くすることができるが，水又は液体の温度限度は，上記の値のままとする（**9.10.5** 参照）。

表11―基準外運転条件及び定格を考慮した空気直接冷却巻線又は水素直接冷却巻線の設置場所における温度限度 θ の補正

項目	運転条件又は定格		表10の温度限度 θ の補正
1	冷媒温度 θ_C	$0\ ℃ \leqq \theta_C \leqq 40\ ℃$	40 ℃と冷媒温度 θ_C との差を減ずる。受渡当事者間の協定によって,$\theta_C < 10\ ℃$の場合は θ_C と10 ℃の差に相当する値を補正量から小さくすることができる。
		$40\ ℃ < \theta_C \leqq 60\ ℃$	補正しない。
		$\theta_C < 0\ ℃$ 又は $\theta_C > 60\ ℃$	受渡当事者間の協定による。
2	ガスタービン発電機の冷媒温度の最高値 θ_C [a]	$10\ ℃ \leqq \theta_C \leqq 60\ ℃$	補正しない。
		$-20\ ℃ \leqq \theta_C < 10\ ℃$	10 ℃と冷媒温度の最高値 θ_C との差に,係数0.3をかけて差し引く。
		$\theta_C < -20\ ℃$ 又は $\theta_C > 60\ ℃$	受渡当事者間の協定による。
3	電機子巻線の定格電圧 U_N		熱は,主として導体内部の冷媒に伝わり,巻線の主絶縁に伝わりにくいので,補正しない。

注[a] コンバインドサイクル発電所向け発電機は,蒸気タービン発電機とガスタービン発電機との要求仕様を合わせる場合があるため,受渡当事者間の協定により,項目1又は項目2の補正を,ガスタービン発電機と蒸気タービン発電機とに共通に適用してもよい。

表12―空気直接冷却巻線に対する試験場所の条件を考慮した温度限度 θ_T

項目	試験条件		試験場所での補正された限度 θ_T
1	試験場所の基準冷媒の温度 θ_{CT} と運転場所の基準冷媒の温度 θ_C との差	$(\theta_C - \theta_{CT})$ の絶対値 $\leqq 30\ K$	$\theta_T = \theta$
		$(\theta_C - \theta_{CT})$ の絶対値 $> 30\ K$	受渡当事者間の協定による。
2	試験場所の標高 H_T と運転場所の標高 H との差	$1\ 000\ m < H \leqq 4\ 000\ m$ $H_T \leqq 1\ 000\ m$	$\theta_T = (\theta - \theta_C)\left(1 - \dfrac{H - 1\ 000\ m}{10\ 000\ m}\right) + \theta_{CT}$
		$H \leqq 1\ 000\ m$ $1\ 000\ m < H_T \leqq 4\ 000\ m$	$\theta_T = (\theta - \theta_C)\left(1 + \dfrac{H_T - 1\ 000\ m}{10\ 000\ m}\right) + \theta_{CT}$
		$1\ 000\ m < H \leqq 4\ 000\ m$ $1\ 000\ m < H_T \leqq 4\ 000\ m$	$\theta_T = (\theta - \theta_C)\left(1 + \dfrac{H_T - H}{10\ 000\ m}\right) + \theta_{CT}$
		$H > 4\ 000\ m$ 又は $H_T > 4\ 000\ m$	受渡当事者間の協定による。

注記 温度 θ は表10に示されており,必要があれば表11に従って補正する。

10 損失及び効率

10.1 損失

有効入力と有効出力との差を,同期機の損失という。損失は,ワット(W)で表す。百分率で表す場合には,基準とする出力を示さなければならない。

  注記 調相機のように,有効出力が零である同期機の損失は,定格容量における有効入力に等しい。

10.2 効率

有効出力と有効入力との比を,同期機の効率という。効率は,百分率で表し,特に指定しない場合には,定格出力に対する値をとる。効率を表す場合,出力又は入力の力率を併記しなければならない。

  注記 調相機のように,有効出力が零である同期機では,効率によって性能の良否を表すことができない。これに代わるものは,定格容量における損失(有効入力)である。

10.3 総合効率

2台以上の同期機の組合せ,又は同期機と静止器との組合せによって構成している装置全体の効率を総

10.4 規約効率及び実測効率

14.2.5 に規定された方法に従って同期機の損失を測定又は算定し，これに基づいて，ある出力（又は入力）に対する入力（又は出力）を求め，これから算出した効率を，規約効率という。

同期機に実際に負荷をかけて入力及び出力を直接測定し，これから算出した効率を，実測効率という。

受渡当事者間の協定がない限り，同期機の効率は，規約効率で表す。

10.5 温度補正

10.5.1 規約効率の温度補正

基準巻線温度を使用して巻線の抵抗損（電機子巻線及び界磁巻線の抵抗損）を補正する場合は，**表 13** の基準巻線温度を使用する。

表 13—巻線の耐熱クラスによる基準巻線温度

単位 ℃

巻線の耐熱クラス[a]	基準巻線温度
105（A）又は 120（E）	75
130（B）	95
155（F）	115
180（H）	135
注[a] 基準巻線温度を定める耐熱クラスは，**表 5**，**表 6** 又は**表 10** の温度上昇限度又は温度限度を適用するときの耐熱クラスであって，巻線に使用される材料の耐熱クラスであるとは限らない。例えば，巻線に耐熱クラス 155（F）が施してあっても，温度上昇限度を耐熱クラス 130（B）とみなす場合には，基準巻線温度も巻線の耐熱クラスは 130（B）とみなす。	

巻線の抵抗損以外の損失については，温度補正は行わないものとする。ただし，**14.2.5.2** に規定する銅損試験による損失測定法において，直接負荷損と漂遊負荷損との合計は温度に依らないと推測されるので，温度補正は行わないものとする。この考え方については，**附属書 E** による。

10.5.2 実測効率の温度補正

測定は同期機に負荷をかけて温度がほぼ定常値に達してから行い，温度補正は行わない。

10.6 損失の種類

同期機の規約効率の算定に含まれる損失を，次のとおり分類する。ただし，損失の帰属について疑問がある場合は，あらかじめ受渡当事者間で協定する。

a) **固定損** 固定損は，次による。
  1) **無負荷鉄損** 鉄心の損失及び鉄心以外の金属部分における付加的な無負荷損失。
  2) **摩擦損** 軸受及びブラシ（定常運転状態で外されないものに限る）の摩擦損失。
     別置きの潤滑システムの損失は，含めない。
     他の機械と共有する軸受（共通軸受）の損失は，その同期機単体の場合に軸受に生じる損失のみを，同期機の損失に含める。
     軸受の一方又は両方を欠いた同期機で，それ自身では運転できず，仮軸受又は仮軸を用いて試験する場合のこの仮軸受摩擦損は，この同期機の損失には含めない。
     注記 1 軸受の損失は，軸受温度，油種及び油温度に依存する。
     注記 2 別置きの潤滑システムの損失が必要な場合は，分けて記述する。
     注記 3 水車発電機，発電電動機などのスラスト軸受の損失は，案内軸受と組み合わされている場合

も含めて，その同期機単体の場合に軸受に生じる損失のみを同期機の損失に含め，外部機械のスラスト負荷及び水スラスト負荷による損失は，同期機の損失に含めない。外部機械のスラスト負荷及び水スラスト負荷による損失が必要な場合は，それぞれの損失が分かるように，分けて記述する。その損失を生じるスラスト負荷，軸受温度，油種及び油温度も記述する。

3) **風損**　主機における全風損。

別置きの通風システムの損失は，含めない。

主機に作り付けられたファン駆動力及び主機と一体をなす補機の風損は，含める。

注記4　別置きの通風システムの損失が必要な場合は，分けて記述する。

注記5　主機と一体をなしていないが，その同期機専用の補機の損失は，受渡当事者間の協定があった場合のみ含める。

水素冷却式の同期機において，受渡当事者間で協定のない場合は，機内体積中，水素を98%，空気を2%として風損の計算を行う。

b) **短絡損**　短絡損は，次による。

1) **直接負荷損**　電機子巻線の抵抗損。
2) **漂遊負荷損**　漂遊負荷損は，次による。
2.1) 導体以外の金属部分と鉄心とに，負荷により生じる損失。
2.2) 抵抗損を除いた導体内の損失。

c) **励磁回路損**　励磁回路損は，次による。

1) 界磁巻線の抵抗損
2) **励磁装置の損失**　励磁装置の損失は，**A.7.3** による。
3) ブラシの電気損

11 その他の性能及び試験

11.1 ルーチン試験

ルーチン試験の実施については，受渡当事者間の協定による。工場で組み立てられた状態で回転試験を実施する場合の最少試験項目を，**表14** に示す。ルーチン試験は，製造者の工場で行われ，試験が可能な状態に組み立てられた同期機に対して行うことができる。同期機は，組立が完了している必要はなく，試験に影響のない部品を欠いていてもよい。発電機の開路試験（**表14** の項目2b）を除き，同期機が機械に連結されている必要はない。

表14—工場で組み立てられた状態で回転試験を実施する同期機のルーチン試験の最少実施項目

項目	試験	電動機	発電機
1	巻線抵抗測定（冷状態）	実施	
2a	鉄損試験 [a) b)]	実施 [c)]	
2b	開路試験による無負荷定格電圧における界磁電流 [b)]	実施 [c)]	
3a	回転方向	実施	—
3b	相順	—	実施
4	**11.2** による耐電圧試験	実施	

注 [a)]　電動機法で試験を行う場合には，力率1による試験による。
注 [b)]　永久磁石同期機を除く。
注 [c)]　項目2a又は項目2bのいずれか一方のみを実施する。

11.2 絶縁耐力

11.2.1 一般

同期機の各巻線の絶縁は，耐電圧試験に合格しなければならない。

耐電圧試験は，供試巻線と同期機の外被又は固定子枠（大地）との間で行う。

11.2.2 耐電圧試験を行う場合の同期機の状態

耐電圧試験は，運転状態と同等な全部品を組み込み，組立を完了した新しい同期機に対して製造工場又は据付場所において行う。ただし，製造工場以外の場所で運転状態と同等な全部品を初めて組み立てた状態となる同期機の耐電圧試験は，受渡当事者間の協定によって，組み立てた場所で行うことができる。

温度上昇試験を行う場合には，耐電圧試験は，温度上昇試験後に行う。

試験時には，鉄心及び試験しない巻線を外被又は固定子枠に接続しておく。

定格電圧が1kVを超える多相機で，各相の両端が個々に得られる場合，試験電圧は，各相と外被又は固定子枠との間に印加する。この場合に，鉄心並びに他の相及び試験しない巻線は，外被又は固定子枠に接続しておく。

予備の巻線（コイル）などで据付場所での耐電圧試験を行わない単独コイルは，製造工場において耐電圧試験を行う。

11.2.3 試験電圧

交流試験電圧は，表15による。

受入れ試験時において表15に規定した試験電圧の耐電圧試験は，繰り返さないものとする。注文者の要求によって2度の試験をしなければならない場合，2回目の試験電圧は，表15による試験電圧の80％の値で行うものとする。

11.2.4 試験電圧の周波数及び波形

特に指定のない限り，試験電圧は，試験を行う場所における商用周波数のできるだけ正弦波に近いものを用いる。ただし，定格電圧6kV以上の同期機で，交流耐電圧試験装置が使用できない場合，受渡当事者間の協定のもとに，交流試験電圧の実効値の1.7倍の直流電圧で試験することができる。

11.2.5 試験時間

試験は，試験電圧の1/2以下の電圧から始め，連続的又は試験電圧の5％以下のステップ状に試験電圧まで昇圧する。1/2電圧からの昇圧時間は10秒以上とする。試験電圧に達してから，1分間その値を保持する。

定格電圧が1kV以下の多量生産機のルーチン試験においては，受渡当事者間の協定により1分間の試験を表15の試験電圧の120％の電圧で1秒間の試験に代えてもよい。ただし，この場合，試験電圧に合わせておいてから印加するものとする。

11.2.6 巻き替え又は修理を行った同期機の耐電圧試験

巻線を全部巻き替えた同期機は，新しい同期機に対する試験電圧で試験する。部分的な巻き替え又は修理を行った同期機に対しては，耐電圧試験について実施の有無を，受渡当事者間の協定により定める（**JEC-2100 解説6** 参照）。

11.2.7 水素冷却式発電機のブッシングの耐電圧試験

ブッシングは，巻線とは別に耐電圧試験を行わなければならない。

ただし，ブッシングが液体冷却の場合は，冷却媒体の接続部に対して耐電圧試験を行う必要はない。

表 15—交流試験電圧

単位 V

項目	同期機又は部位		試験電圧（実効値）
1	電機子巻線	定格 1 kW（kVA）未満で定格電圧 V_N が 100 V 未満	$2V_N + 500$
		定格 10 000 kW（kVA）未満 [a]	$2V_N + 1\,000$（最低 1 500）[b]
		定格 10 000 kW（kVA）以上 [a] 定格電圧 V_N （i） $V_N \leq 24\,000$ V	$2V_N + 1\,000$
		（ii） $V_N > 24\,000$ V	受渡当事者間の協定による。
2	界磁巻線	誘導電動機として始動しない場合 定格界磁電圧 V_{fN} （i） $V_{fN} \leq 500$ V	$10V_{fN}$（最低 1 500）
		（ii） $V_{fN} > 500$ V	$2V_{fN} + 4\,000$
		誘導電動機として始動する場合 （i） 界磁巻線を短絡又は界磁巻線抵抗値の 10 倍未満の抵抗値を接続して始動する場合	$10V_{fN}$（最低 1 500，最高 3 500）
		（ii） 界磁巻線の開路又は界磁巻線抵抗値の 10 倍以上の抵抗値を接続して始動する場合	$2V_{fi} + 1\,000$（最低 1 500）[c]
3	同期機と付属装置を組み合わせたもの		項目 1～2 の試験は繰り返さない。各単体ごとに耐電圧試験を実施したものについて組合せ試験を行う場合，単体試験における最低の試験電圧の 80 % を組み合わせた状態における試験電圧とする [d]。

注[a] 段絶縁を有する同期機の耐電圧試験は，受渡当事者間の協定による。
注[b] 端子を有する二相巻線に対しては，運転中任意の 2 端子間に生じる最大実効値電圧を基準とする。
注[c] この電圧 V_{fi} は，規定始動条件のもとに界磁巻線の端子間に生じる最大電圧又は区分された界磁巻線の各区分間に生じる最大電圧（実効値）をいう。
注[d] 電気的に接続された 1 台又は複数台の同期機の巻線に対しては，試験電圧は，対地間に発生し得る最大電圧を基準とする。

11.3 同期機の過電流耐量

11.3.1 一般

同期機の過電流耐量は，偶発的事象を対象に機械の制御，及び保護装置との協調を目的として設定する。この耐量を実証する試験については，要求しない。

巻線に対する熱的影響は，同期機の経年，運転状況，電流などによって異なる。定格電流を超える電流は，温度上昇値の増加をもたらす。受渡当事者間で協定した場合を除いて，上記過電流を伴う運転は，機器の寿命期間内で数回程度の想定とする。

また，定格出力 10 MVA 以上の発電機について，上記過電流を伴う運転は，1 年に 2 回を超えないものとする。

発電機及び電動機両用で使用される同期機について，その過電流耐量は，受渡当事者間の協定による。

11.3.2 同期発電機の短時間過電流耐量

11.3.2.1 一般

定格出力 1 200 MVA 以下の同期発電機において，**11.3.2.2** 及び **11.3.2.3** に示す過電流と時間との組み合わせに耐えなければならない。

定格出力 1 200 MVA を超過する同期発電機は，定格電流の 1.5 倍に等しい電流に受渡当事者間で協定した時間耐えなければならない。ただし，この時間は 15 秒間以上とする。

11.3.2.2　電機子巻線の短時間過電流耐量

電機子巻線の短時間過電流耐量は，式(4)による。

$$(I^2 - 1)t = 37.5 \quad \cdots\cdots\cdots\cdots\cdots\cdots\cdots\cdots(4)$$

ここに，　I：電機子巻線の許容電流（p.u.）

　　　　　　　1 p.u. は，定格電流

　　　　　　t：時間（s）

ただし，式(4)は，t が 10 秒から 60 秒の間で適用されるものとし，その範囲内の 3 点は **表 16** による。

表 16—電機子巻線の短時間過電流耐量

時間	s	10	30	60
電機子巻線の許容電流	p.u.	2.18	1.50	1.27

11.3.2.3　界磁巻線の短時間過電流耐量

界磁巻線の短時間過電流耐量は，式(5)による。

$$(I^2 - 1)t = 33.75 \quad \cdots\cdots\cdots\cdots\cdots\cdots\cdots\cdots(5)$$

ここに，　I：界磁巻線の許容電流（p.u.）

　　　　　　　1 p.u. は，定格界磁電流 I_{fN}

　　　　　　t：時間（s）

ただし，式(5)は，t が 10 秒から 60 秒の間で適用されるものとし，その範囲内の 3 点は **表 17** による。

表 17—界磁巻線の短時間過電流耐量

時間	s	10	30	60
界磁巻線の許容電流	p.u.	2.09	1.46	1.25

注記　短時間過電流耐量は，**JEC-2130**：2000 では **ANSI/C50.13**：1989 に基づく参考的要素として解説に記載されていたが，この規格では電機子巻線は **IEC 60034-3** 及び **IEEE Std C50.13**：2005 に合わせて，界磁巻線は **IEEE Std C50.13**：2005 に合わせて規定する。

　　ただし，**IEC 60034-3** 及び **IEEE Std C50.13**：2005 の適用範囲は 10 MVA 以上のタービン発電機に限定されるが，この規格の短時間過電流耐量の適用範囲は 10 MVA 以上のタービン発電機に限定しない。

　　また，適用される時間は **IEEE Std C50.13**：2005 では 10 秒から 120 秒を範囲としているのに対し，この規格では，**IEC 60034-3** に規定されていない界磁巻線も含めて，**IEC 60034-3** に合わせて 10 秒から 60 秒を範囲とする。

11.3.3　同期電動機の短時間過電流耐量

定格出力 315 kW を超過する同期電動機については，過電流は規定しない。定格出力 315 kW 以下，定格電圧 1 kV 以下の三相同期電動機は，定格電流の 1.5 倍に等しい電流に 2 分間耐えなければならない。

11.4　短絡電流強度

同期機は，定格負荷状態及び最高使用出力のもとで，その電機子端子において突発短絡を生じても，その短絡電流に耐える構造でなければならない。

同期機に対する短絡電流強度試験は，注文者の要求によってのみ実施する。

受渡当事者間の協定に基づき，同期機と電力系統との間に設置される変圧器のインピーダンスを考慮して，試験電圧を減ずることもできる。電気回路の短絡は，3 秒間維持する。

試験後，有害な変形の発生がなく，かつ，この規格で規定する耐電圧試験に耐えれば，合格とみなす。

定格出力 10 MVA 以上の発電機は，定格負荷，及び定格電圧の 105 %の電圧のもとで，運転中に発電機

端で生じるいかなる種類の短絡にも支障なく耐えるよう設計されなければならない。ただし，実際の最大相電流は，外的条件により三相突発短絡時の最大相電流を超えないように制限される。支障なくとは，電機子巻線などの若干の変形があっても，発電機の停止に至る損傷がないことを意味している。

> **注記** 運転中の発電機至近端の短絡事故，送電線事故に伴う再閉路，非同期投入などの結果，異常な過電流及びトルクが発生する。もし，これらの現象が実際に発生して過大な電流が印加された場合は，発電機の徹底的な検査を行うべきである。特に，電機子巻線に対しては入念な検査が必要であり，支持材などの緩みが発見された場合は，運転を再開する前に修理し，振動によって新たな損傷が発生する可能性を回避しなければならない。カップリングボルト，カップリング，及び軸材の変形の有無についても確認することが望ましい。

11.5 同期電動機の超過トルク

受渡当事者間の協定がない限り，定格電圧及び定格周波数において，同期電動機は使用のいかんに関わらず，励磁を定格負荷に対応する値に保った状態で，次に示す超過トルクが15秒間加わっても，同期を外れることなく，これに耐えることができなければならない。自動励磁装置を用い，励磁装置が正常な状態で動作している場合，その超過トルクの限度は同じ値とする。

a) 誘導同期電動機（巻線形） 超過トルク35％
b) 同期電動機（円筒形） 超過トルク35％
c) 同期電動機（突極形） 超過トルク50％

11.6 過速度

同期機は，**表18**に規定した速度に耐えられるよう設計しなければならない。定格10 MVA以上のタービン発電機については，過速度試験を実施する。それ以外の同期機の過速度試験は，通常必要ないが，これが指定されている場合，又は受渡当事者間で協定された場合には実施する。

表18—過速度に関する要求事項

項目	同期機の種別	過速度
1	下記以外のすべての同期機	最大定格回転速度の120％[a]
2	水車発電機，発電電動機及び主機に直接（電気的又は機械的に）接続された補機	他に規定がなければ，無拘束速度 ただし，最大定格回転速度の120％以上
3	特定条件のもとで，負荷によって駆動される同期機	規定された無拘束速度 ただし，最大定格回転速度の120％以上
注[a]	非常過速度保護装置により，その過速度が115％を超えることのない同期機の過速度は，最大定格回転速度の115％とする。	

11.7 同期機の危険速度

同期機の回転子は，軸系全体として**図3**，**図4**又は**図5**に規定する周波数範囲内の速度で運転して支障を生じる危険速度があってはならない。

11.8 往復機械直結同期発電機のはずみ車効果

往復機械直結の同期発電機では，原動機の回転不整によって生じる発電機の最大変位角が，一様回転の位置より±3°（電気角）以下になるよう，全回転部分のはずみ車効果を選定しなければならない。

11.9 往復機械駆動用同期電動機のはずみ車効果

同期電動機を使用して往復ポンプ，圧縮機などの往復機械を運転する場合には，回転不整を小さくし，定格負荷状態において電流脈動率を定格電流の66％以下になるように，全回転部分のはずみ車効果を選定しなければならない。

往復機械駆動用同期電動機の電機子電流脈動率の試験は，原則として行わない。実施にあたっては，受

渡当事者間の協定によるものとする。

11.10 往復機械直結同期機の固有周波数

往復機械直結同期機では，その機械の全回転部分の固有周波数と往復機械のトルクの脈動周波数との差を適当に選定し，共振を生じさせないようにしなければならない。定電圧母線に接続されている同期機のある運転状態における固有周波数 F は，式(6)で表される。

$$F = \frac{120}{n} \cdot \sqrt{\frac{P_s \cdot f}{J}} \quad (\text{Hz}) \quad \cdots\cdots\cdots\cdots\cdots(6)$$

ここに，　n：機械の回転速度（min^{-1}）
　　　　　f：同期機の周波数（Hz）
　　　　　J：慣性モーメント（$\text{kg} \cdot \text{m}^2$）
　　　　　P_s：同期化力，すなわち定常状態における内部相差角の微少な変化に対する出力の変化の割合（kW/電気角 rad）

11.11 10 MVA 以上のタービン発電機の起動回数

特に協定のない限り，発電機の回転子は，その寿命期間中 3 000 回の起動に機械的に耐えるように設計しなければならない。

日々起動停止を行う発電機の回転子は，10 000 回の起動に機械的に耐えるように設計しなければならない。

　　注記 1　ガスタービン及びコンバインドサイクル用発電機の起動回数については，"特に取り決めのない限り，発電機の起動回数は年間 500 回以下とする"と，**IEC 60034-3** で言及している。

　　注記 2　上記の起動回数は，適切なメンテナンスを行うことを条件とする。

11.12 水素冷却式発電機の強度

11.12.1 フレーム類の強度

水素冷却式発電機のフレーム類は，内部で水素が大気圧下で爆発しても，人的被害を与えることなく耐えられるよう設計しなければならない。

注文者から要求があった場合は，フレーム類に対して水圧試験を行って，強度を確認しなければならない。フレーム類は，少なくとも 800 kPa（ゲージ圧）のもとで 15 分間のガス圧力に耐えられるよう設計しなければならない。

　　注記 1　フレーム類とは，固定子枠及び圧力のかかる外被類（上部設置の冷却器カバーなど）である。
　　注記 2　大気圧における水素ガスの爆発時の最高圧力は，700 kPa（ゲージ圧）である。

11.12.2 ブッシングの強度

水素冷却式発電機のブッシングは，少なくとも 800 kPa（ゲージ圧）のもとで 15 分間のガス圧力に耐えられるよう設計しなければならない。

11.13 ガスタービン発電機の出力特性

11.13.1 ベース出力特性

現地運転で指定される冷媒温度の範囲において，ベース出力特性の発電機有効電力（kW）を発電機の効率で除した値は，ガスタービンのベース出力曲線における出力と等しいか，又はこれを上回っていなければならない。このとき，発電機は，**9.10** で規定される温度上昇限度又は温度限度を超えてはならない。ベース出力特性の補足については，**附属書 C** による。

11.13.2 ピーク出力特性

現地運転で指定される冷媒温度の範囲において，ピーク出力特性の発電機有効電力（kW）を発電機の

効率で除した値は，ガスタービンのピーク出力曲線における出力と等しいか，又はこれを上回っていなければならない。このとき，発電機は，**9.10** で規定される温度上昇限度又は温度限度を 15 K 超えてはならない。ピーク出力特性の補足については，**附属書 C** による。

11.13.3　出力特性曲線

製造者は，現地運転で指定される冷媒温度の範囲において，発電機出力（kVA）と冷媒温度との関係を示す出力特性曲線を，注文者に提供する。出力特性曲線の補足については，**附属書 C** による。

12　その他の要求事項

その他の要求事項については，**JEC-2100 箇条 11** による。

13　裕度

13.1　同期機の保証値に関する裕度

裕度とは，同期機の特性の試験結果と保証値との差の許容範囲をいう。

同期機の保証値に関する裕度は，**表 19** による。

表 19 に示した全項目又はいくつかの項目を必ずしも保証項目とする必要はない。

表 19—裕度

項目	保証項目	裕度
1	効率 η % 　150 kW（kVA）以下の同期機 　150 kW（kVA）を超える同期機	$-0.15 \times (100 - \eta)$ % $-0.10 \times (100 - \eta)$ %
2	全損失［150 kW（kVA）を超える同期機に適用］	$+0.10 \times$（保証値）
3	指定された条件下での発電機の短絡電流のピーク値	$\pm 0.30 \times$（保証値）
4	指定された励磁状態における発電機の定常短絡電流	$\pm 0.15 \times$（保証値）
5	慣性モーメント J	$\pm 0.10 \times$（保証値）
6	同期電動機の最小始動トルク	$(-0.15 \sim +0.25) \times$（保証値） （$+0.25$ は，合意により超えてもよい。）
7	同期電動機の脱出トルク	$-0.10 \times$（保証値） ただし，この裕度を考慮した後のトルクは定格トルクの 1.35 倍又は 1.5 倍以上なければならない（**JEC-2100 10.4.3 参照**）。
8	同期電動機の最大始動電流	$+0.20 \times$（保証値） （下限なし）
9	直軸初期過渡リアクタンス X_d'' 直軸過渡リアクタンス X_d' 直軸同期リアクタンス X_d	$\pm 0.30 \times$（保証値） $\pm 0.30 \times$（保証値） $+0.15 \times$（保証値）
10	短絡比 K_c	$-0.15 \times$（保証値）
11	定格界磁電流	$+0.15 \times$（保証値）
12	固有電圧変動率	$+0.20 \times$（保証値）
13	公称引入れトルク	$-0.20 \times$（保証値）

13.2　裕度の適用

注文者が，製造者に対して裕度適用なしとする保証値を要求する場合は，その旨を明示しなければならない。

14 試験及び検査

14.1 試験項目

試験項目及び方法については，**表20**による。

表20の試験項目は，すべて実施することを前提として定めたものではないので，試験の実施にあたっては，受渡当事者間の協定により，試験項目を決定する。

表20—試験項目及び方法

試験名称	試験項目	試験方法
一般特性試験（**14.2.2**）	巻線抵抗測定	電圧降下法，ブリッジによる方法
	無負荷飽和曲線	—
	短絡特性曲線	—
	界磁電流	界磁電流算定法
	固有電圧変動率	—
	波形のひずみ率（*THD*，Total Harmonic Distortion）	—
	波形のくるい率	直角座標による方法，極座標による方法
	充電特性曲線	—
	不平衡率	—
温度試験（**14.2.3**）	温度	実負荷法，零力率法，等価温度試験法
耐電圧試験（**14.2.4**）	耐電圧	交流耐電圧試験，直流耐電圧試験，製造工場で完全に組立てを完了しない場合の耐電圧試験
効率試験（**14.2.5**）	風損，ブラシ摩擦損，軸受摩擦損	機械損試験，減速法
	無負荷鉄損	鉄損試験
	直接負荷損と漂遊負荷損との合計（短絡損）	銅損試験
	界磁巻線の抵抗損	—
	ブラシの電気損	—
電動機特性試験（**14.2.6**）	始動電流	正比例法，対数比例法
	始動トルク	交流入力法，ばねばかりを使用する方法
	トルク特性曲線	直流発電機法，交流入力法，速度変化率法
	引入れトルク，公称引入れトルク	—
	脱出トルク	脱出トルク算定法
	V曲線	—
諸定数の測定（**14.2.7**）	直軸同期リアクタンス X_d	無負荷飽和曲線及び三相短絡特性曲線から求める方法，滑り法
	横軸同期リアクタンス X_q	滑り法，逆励磁法，実負荷法
	直軸過渡リアクタンス X_d'	三相突発短絡試験から求める方法，電圧回復法から求める方法
	直軸初期過渡リアクタンス X_d''	三相突発短絡試験から求める方法，ダルトン－カメロン法，電圧回復法から求める方法
	横軸初期過渡リアクタンス X_q''	ダルトン－カメロン法
	逆相リアクタンス X_2	単相短絡法，ダルトン－カメロン法
	零相リアクタンス X_0	並列法，2相接地法
	ポーシェリアクタンス X_p	無負荷飽和曲線及び零力率飽和曲線から求める方法，回転子を抜いて測定した電機子リアクタンスを用いる方法
	開路時定数 T_{do}'	界磁減衰法，電圧回復法から求める方法

表 20 — 試験項目及び方法（続き）

試験名称	試験項目	試験方法
諸定数の測定（**14.2.7**）（続き）	直軸短絡過渡時定数 T_d'	三相突発短絡試験から求める方法，界磁電流減衰法から求める方法
	直軸短絡初期過渡時定数 T_d''	三相突発短絡試験から求める方法
	電機子時定数 T_a	三相突発短絡試験から求める方法
	短絡比 K_c	無負荷飽和曲線及び三相短絡特性曲線から算出
	慣性モーメント J	減速法，負荷遮断法
特殊試験（**14.2.8**）	短絡電流強度	短絡電流強度試験
	過速度	過速度試験
	往復機械直結同期機の電機子電流脈動率	－

14.2 試験方法

14.2.1 一般

14.2 の試験方法は，同期発電機，同期電動機及び同期調相機に適用する。その他の同期機に対しても，この試験方法が適用できるものは，これを準用する。

14.2 に記載している項目は，**箇条3** において規定又は定義した事項に関する試験法のみならず，同期機に関連する重要な定義及びその試験法が含まれている。

保護方式に関する試験法などのように，**JEC-2100** に記載されている事項であってこの試験法に記載されていないか，又は説明の一部が省略されている部分については，**JEC-2100** の適用を受けるので，この試験法と **JEC-2100** とを併用する。

14.2.2 一般特性試験

14.2.2.1 巻線抵抗測定

14.2.2.1.1 一般

同期機の巻線抵抗は，巻線の温度測定，損失の計算，電機子電流による巻線の内部電圧降下の計算などに用いられる。巻線抵抗の測定は，静止及び冷温状態で行い，電圧降下法又はブリッジによる方法を用いて行う。測定時には，数箇所の巻線温度を温度計又は埋込温度計で測定し，それらの平均温度をもとに式(7)により定められた基準巻線温度の抵抗値を得る。ただし，巻線温度を測定できない場合，長時間にわたり静止及び冷温状態にある機械に限り，周囲の大気の温度と巻線の温度とを同一とみなしてよい。

$$R_1 = \frac{T + \theta_1}{T + \theta_2} R_2 \quad\quad\quad\quad\quad\quad\quad\quad\quad\quad\quad\quad (7)$$

ここに，θ_1：基準巻線温度（℃）（**表 13** による）
θ_2：測定した巻線温度（℃）
R_1：θ_1 における抵抗値（Ω）
R_2：θ_2 における抵抗値（Ω）
T：材料によって定まる定数
（例　銅 $T = 235$，アルミニウム $T = 225$）

14.2.2.1.2 測定法

巻線抵抗の測定法は，次による。

a) **電圧降下法** 測定では，安定した電圧で充分な容量をもつ直流電源を直接巻線端子に接続する。巻線温度が1K以上上昇しないよう迅速に，また，回路の過渡現象の影響を受けないよう，指示の安定したときに測定を行う。測定時の巻線温度がわからない場合は，測定時の電流を定格値の10％以下と

し，また，測定も1分間以内に終了しなければならない。

測定は，電流値を3点以上変えて行い，その平均値をとる。個々の測定は，平均値より±1％以上の偏差があってはならない。

b) **ブリッジによる方法** 1Ω以上の抵抗測定には，ホイートストンブリッジ又はダブルブリッジを用い，1Ω未満の抵抗測定には，ダブルブリッジを用いる。

測定では測定器のリード線の影響を極力避けるため，ダブルブリッジは，電流リード線と電圧リード線とを別々に接続し，接続点までの電圧降下が測定値に加わらないようにする。検流計回路は，電流が安定してから用いるようにし，測定するたびに比例辺抵抗を変え，その偏差が平均値の±1％以上であってはならない。

ダブルブリッジと同等以上の測定器の精度であれば，ディジタル抵抗計を採用してもよい。

14.2.2.2 無負荷飽和曲線

14.2.2.2.1 一般

同期機の電機子線路側端子を開放し，定格回転速度で運転した場合の界磁電流と電機子巻線の端子電圧との関係を示す曲線をいう。

14.2.2.2.2 測定法

無負荷飽和曲線は，同期機を発電機又は電動機として運転して，次により測定することができる。

a) **発電機として運転する場合** 同期機を他の駆動機により発電機として定格回転速度で運転して，界磁巻線に直流電流を流す。図6のA曲線のように，界磁電流のできるだけ低い値から増加方向にのみ上昇し，最大点から同様に減少方向にのみ下降させながら測定を行う。測定電圧の最大値は，定格電圧の120％以上とする。

無負荷飽和曲線は，上昇時と下降時との同一電圧における界磁電流の平均値，又は同一界磁電流における電機子電圧の平均値をとって作成する。

また，ギャップ線は，無負荷飽和曲線の直線部分の接線をとる。なお，必要な場合は残留電圧を測定する。

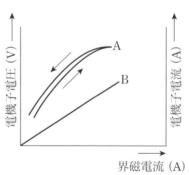

図6—無負荷飽和曲線及び短絡特性曲線

この試験で定格回転速度に合わせることができない場合は，式(8)で電圧の補正を行う。

$$V_{tN} = V_t \frac{f_N}{f_t} \quad (V) \quad \cdots\cdots\cdots\cdots\cdots\cdots\cdots\cdots\cdots\cdots\cdots\cdots(8)$$

ここに，V_{tN}：定格回転速度における電機子電圧（V）

V_t：測定時の電機子電圧（V）

f_N：定格周波数（Hz）又は回転速度（$\min^{-1}$）

f_t：測定時の周波数（Hz）又は回転速度（$\min^{-1}$）

b) **電動機として運転する場合**　平衡した定格周波数の電源によって同期機を電動機として始動し，界磁巻線に直流電流を流し，定格回転速度で運転する。測定中は力率をほぼ100％に保つ。

　脱調しない程度の低い電機子電圧から増加させ，電機子電圧と界磁電流との関係を求める。次に，電機子電圧が定格電圧の120％以上に達したとき，界磁電流を減じて同様の測定を行う。無負荷飽和曲線は，上昇時と下降時との同一電圧における界磁電流の平均値，又は同一界磁電流における電機子電圧の平均値をとって作成する。なお，測定中は，界磁電流の一方向のみの調整と同様に，電機子電圧も一方向のみに調整しなければならない。

14.2.2.3　短絡特性曲線

14.2.2.3.1　一般

同期機の電機子線路側端子を短絡し，定格回転速度で運転した場合の界磁電流と電機子巻線に流れる短絡電流との関係を示す曲線をいう。

三相同期機で3端子を短絡した場合の短絡特性曲線を三相短絡特性曲線，2端子を短絡した場合のそれを単相短絡特性曲線又は線間短絡特性曲線という。

14.2.2.3.2　測定法

短絡特性曲線は，同期機を発電機又は電動機として運転し，次により測定することができる。

a) **発電機として運転する場合**　電機子端子で短絡した同期機を他の駆動機によって定格回転速度で運転し，界磁巻線に直流電流を流す。図6のB線のように，電機子電流と界磁電流との関係から短絡特性曲線を得る。短絡特性曲線の測定は，電機子電流が定格電流の100％程度まで行う。この試験で，定格回転速度にて運転できない場合においても，回転速度補正は行わない。

b) **電動機として運転する場合**　同期機を電動機として定格回転速度又はそれ以上で運転し，突然電源を切り離す。同期機の界磁電流を零としたのち，電機子端子を素早く短絡し，慣性で回転している同期機に界磁電流を流し，図6のB線のように電機子電流に対する界磁電流の関係を得る。

　この場合，回転速度は定格回転速度の50％以上とし，回転速度補正は行わない。

14.2.2.4　界磁電流算定法

14.2.2.4.1　一般

指定の電機子電流及び力率における界磁電流は，無負荷飽和曲線及び三相短絡特性曲線から，次の方法により求めることができる。

a) 発電機では遅れ力率，電動機では進み力率の場合で，飽和の著しくない同期機（飽和係数 $\sigma < 0.8$）に対しては，**14.2.2.4.2** による算出を基本とするが，受渡当事者間の協定により，**14.2.2.4.3** 又は **14.2.2.4.4** を使用してもよい。

b) 発電機では進み力率，電動機では遅れ力率の場合，又は飽和の著しい同期機（飽和係数 $\sigma \geq 0.8$）に対しては，**14.2.2.4.3** 又は **14.2.2.4.4** のいずれかによる。

c) 単相同期機の場合は，**14.2.2.4.5** による。

界磁電流の算定において使用する記号のうち，各方法に共通するものを一括して次に示す。

V_N：定格電圧（V）

I：指定の電機子電流（A）

$\cos\phi$：力率

R_a：基準巻線温度における電機子抵抗（Ω）

I_f：電圧 V_N，電流 I 及び力率 $\cos\phi$ における界磁電流（A）

I_{f0}：無負荷定格電圧時の界磁電流（A）

I_{f1}:無負荷飽和曲線上,$V_N + \sqrt{3}I \cdot R_a$ (電動機の場合は $V_N - \sqrt{3}I \cdot R_a$)に相当する界磁電流(A)

I_{f2}':三相短絡特性曲線上のIにおける界磁電流(A)

p:極数

σ:無負荷飽和曲線上,$1.2V_N$の電圧における飽和係数で,図7及び式(9)から求める。

$$\sigma = \frac{\overline{c_1 c}}{\overline{bc_1}} \quad \cdots\cdots(9)$$

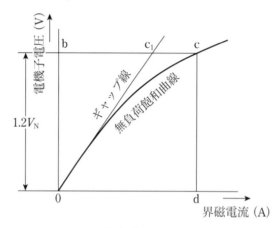

図7—無負荷飽和曲線

14.2.2.4.2 算定法(その1)

$$I_f = \sqrt{I_{f1}^2 + k_\sigma^2 \cdot I_{f2}'^2 + 2k_\sigma \cdot I_{f1} \cdot I_{f2}' \cdot \sin\phi} \text{ (A)} \cdots\cdots(10)$$

式(10)で,k_σ は表21の値をとるものとする。

表21—k_σの値[a]

$\cos\phi$	1.0	0.95	0.9	0.85	0.8	0[b]
突極形	1.0	1.1	1.15	1.2	1.25	$1+\sigma$
円筒形	1.0	1.0	1.05	1.1	1.15	$1+\sigma$

注[a] 表に記載していない力率については,表中の最も近い力率に対する k_σ の値をとる。
注[b] 力率が零のときで,$1+\sigma$ が1.25以下の場合は,一律に $k_\sigma = 1.25$ とする。

14.2.2.4.3 算定法(その2)(ポーシェリアクタンスを用いる方法)

ポーシェリアクタンス X_p が既知の場合は,次の方法で算定することができる。

$$I_f = \sqrt{I_{fa}^2 + I_{fe}^2 + 2I_{fa} \cdot I_{fe} \cdot \sin\delta_i} \text{ (A)} \cdots\cdots(11)$$

式(11)で,I_{fa},I_{fe} 及び $\sin\delta_i$ は,次による。

a) 電機子電流 I における電機子反作用を打ち消すのに必要な界磁電流 I_{fa} は,式(12)により求められる。

$$I_{fa} = I_{f2}' - I_{fx} \text{ (A)} \cdots\cdots(12)$$

ここで,無負荷飽和曲線から電機子電圧 $\sqrt{3}I \cdot X_p$ に相当する界磁電流 I_{fx} を求め,三相短絡特性曲線から電機子電流 I における界磁電流 I_{f2}' を求める(図8参照)。

b) 無負荷飽和曲線から,ギャップ電圧 V_g に相当する界磁電流 I_{fe} を求める(図8参照)。

ここで,ギャップ電圧 V_g は,式(13)により求められる(図9参照)。

$$V_g = \sqrt{(V_N\cos\phi + \sqrt{3}I \cdot R_a)^2 + (V_N\sin\phi + \sqrt{3}I \cdot X_p)^2} \text{ (V)} \cdots\cdots(13)$$

c) $\sin\delta_i$ を式(14)により求める。

$$\sin\delta_i = \frac{V_N \sin\phi + \sqrt{3}I \cdot X_p}{V_g} \quad\quad\quad\quad\quad\quad\quad\quad\quad\quad (14)$$

注記 発電機では，ϕ は遅れ力率の場合を正，進み力率の場合を負，及び $I \cdot R_a$ は正とする。電動機では，ϕ は進み力率の場合を正，遅れ力率の場合を負，及び $I \cdot R_a$ は負とする。したがって，ϕ が負で，$|V_N \sin\phi| > \sqrt{3}I \cdot X_p$ ならば，$\sin\delta_i$ は負値をとるものとする。

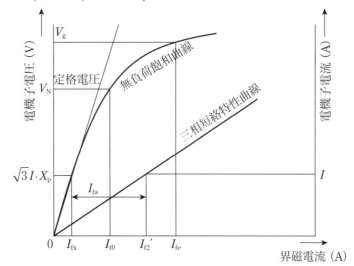

図 8—無負荷飽和曲線及び三相短絡特性曲線

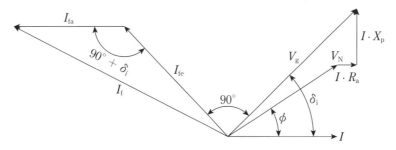

図 9—発電機のフェーザ図（単位法表記）

d) ポーシェリアクタンス X_p は，次のいずれかの方法により求める。

1) 式(15)による方法［電気学会技術報告（I部）第 126 号 "同期機の界磁電流算定法について" 参照］

$$X_p = X_d'（不飽和値）\text{ 又は } X_p = X_{la} + X_{lf} \cdot r^* \quad\quad\quad\quad\quad\quad (15)$$

ここに，X_d：直軸同期リアクタンス（p.u.）

$\quad\quad\quad X_d'$：直軸過渡リアクタンス（p.u.）

$\quad\quad\quad X_{la}$：電機子漏れリアクタンス（p.u.）

$\quad\quad\quad X_{lf}$：界磁漏れリアクタンス（p.u）

$$= \frac{(X_d - X_{la})(X_d' - X_{la})}{X_d - X_d'}$$

$\quad\quad\quad r^*$：$\dfrac{F_{py}[1 + X_{la} + X_{lf}]}{F_{le}[1 + X_{la}] + F_{py}[1 + X_{la} + X_{lf}]} = 0.5 \sim 0.9$

$\quad\quad\quad\quad\quad F_{le}[1 + X_{la}]$：定格電圧 $\times (1 + X_{la})$ における電機子鉄心（歯部含む）における起磁力（AT）（設計値）

$F_{py}[1 + X_{la} + X_{lf}]$：定格電圧 × $(1 + X_{la} + X_{lf})$ における界磁極及び継鉄の起磁力（AT）（設計値）

2) **類似機からの推定による方法** 受渡当事者間の協定により，類似機の実測値による推定値を用いてもよい。

14.2.2.4.4 算定法（その3）

$$I_f = \Delta I_f + \sqrt{(I_{f0g} + I_{f2}' \cdot \sin\phi)^2 + (I_{f2}' \cdot \cos\phi)^2} \quad (A) \quad \cdots\cdots (16)$$

式(16)で，I_{f0g} 及び ΔI_f は，次による。

a) 定格電圧におけるギャップ線上の界磁電流を I_{f0g} とする。界磁電流フェーザ I_{f0g} を横軸に原点 O よりとり，力率角 ϕ にて I_{f2}' をベクトル合成する。ギャップ電圧 V_g の求め方は，**14.2.2.4.3** による。

b) ギャップ線上及び無負荷飽和曲線上の電圧 V_g に対応する界磁電流を各々 I_{feg} 及び I_{fe} とし，それらの差を ΔI_f とすれば，界磁電流 I_f は**図 10** に示した I_{f0g}，I_{f2}' 及び ΔI_f のベクトル合成として求められる。

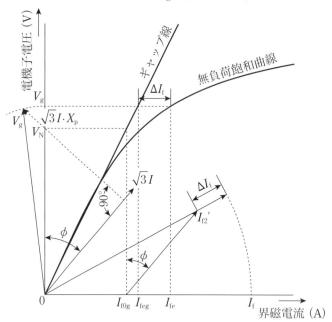

図 10—無負荷飽和曲線及びギャップ線

14.2.2.4.5 単相同期機の界磁電流算定法

単相同期機の界磁電流は，**14.2.2.4.3**を準用して求めることができる。

ポーシェリアクタンス X_p を **14.2.2.4.3 d) 1)** より求める場合は，式より得られる X_p の値を2倍して算定に用いる。

14.2.2.5 固有電圧変動率及びその算定法

発電機を定格負荷状態から励磁を調整することなく回転速度を一定に保ったまま無負荷にした場合の電機子電圧の変動の割合をいい，これを定格電圧の百分率で表す。固有電圧変動率 ΔV を実負荷で測定するのが困難な場合は，式(17)から算定できる。

$$\Delta V = \frac{V_1 - V_N}{V_N} \times 100 \ (\%) \quad \cdots\cdots (17)$$

ここに，V_1：無負荷飽和曲線上の定格界磁電流に対応する電機子電圧（V）
　　　　V_N：定格電圧（V）

14.2.2.6 波形のひずみ率算定法

電機子端子を開放,定格回転速度及び定格電圧での試験条件下にて,電機子線間電圧のひずみ率 THD(Total Harmonic Distortion)を測定する。測定される周波数範囲は,定格周波数から100次高調波成分までのすべての高調波をカバーするものとし,THD を直接測定するか,又は個々の高調波を測定し,その測定値から式(18)によって THD を求める。

$$THD = \sqrt{\sum_{n=2}^{100} u_n^2} \text{ (\%)} \quad \cdots\cdots(18)$$

ここに,u_n:電機子線間電圧の基本波成分に対する n 次高調波成分の割合(%)

14.2.2.7 波形のくるい率算定法

波形のくるい率算定方法は,次による。

a) **直角座標による方法** 図11のように電機子電圧の半サイクル波形を描き,その半波をできるだけ多く等分(12等分以上がよい)し,図11に示すように各等分の中心点波高値 $y_1, \cdots, y_n$ を測定する。

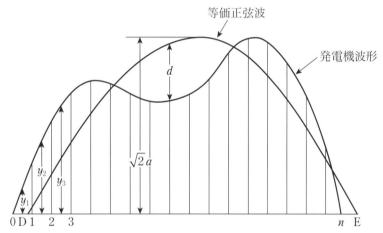

図11—直角座標による波形のくるい率算定図

さらに,式(19)から算定する $\sqrt{2}a$ を波高値とする等価正弦波を同一図上に描いて,等価正弦波と測定波形との最大差が最小となるように重ね合わせ,その最大差を d とする。この値の等価正弦波の波高値に対する百分率を計算すれば,式(20)のように波形のくるい率 FDR(Form Deviation Rate)が得られる。

$$a = \sqrt{\frac{1}{n}(y_1^2 + \cdots + y_n^2)} \quad \cdots\cdots(19)$$

$$FDR = \frac{d}{\sqrt{2}a} \times 100 \text{ (\%)} \quad \cdots\cdots(20)$$

b) **極座標による方法** 図12のように a =電機子電圧の半サイクル波形を,極座標を用いて描く。この図形に囲まれた面積を求め,$A = \sqrt{\text{図形の面積} \times \frac{4}{\pi}}$ とすれば,A は等価正弦波の波高値となる。

A を直径とし,原点 O を通る円を描き,この円と電機子電圧波形との最大差(O を通る直線上で測る)が最小となるように重ね合わせ,その最大差を d とすれば,波形のくるい率 FDR は,式(21)により求められる。

$$FDR = \frac{d}{A} \times 100 \text{ (\%)} \quad \cdots\cdots(21)$$

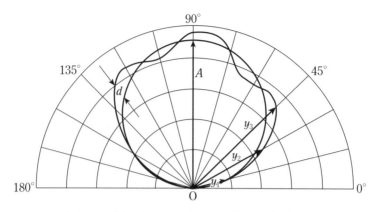

図 12—極座標による波形のくるい率算定図

14.2.2.8 充電特性曲線の求め方

無負荷飽和曲線及び三相短絡特性曲線から充電特性曲線（電機子に零力率進み電流を流すときの飽和曲線）を求めるには，**14.2.2.4.3** と同様にして $\sqrt{3}I\cdot X_p$ 及び I_{fx} を求め，**図 13** に示すように界磁電流 $I_{f2}' - I_{fx} = I_{fa}$ に相当する電圧を無負荷飽和曲線から求めると，進み電流 I の電機子反作用により誘導される電圧（k 点）が得られ，これに $\sqrt{3}I\cdot X_p$ を加えると，進み電流 I が流れるときの電機子電圧（j 点）が得られる。こうして曲線 OkB と充電特性曲線 OjA が求められる。界磁電流 I_{f3} により初電圧 Om を有する場合には，曲線 OkB が m 点を通るまで右方向に水平移動して得られた曲線 mE に $\sqrt{3}I\cdot X_p$ を加えて充電特性曲線 mD が得られる。

注記　平衡進相負荷における同期発電機の特性として，長距離送電線を充電するような同期機が零力率平衡進相負荷を取る場合，発電機が自己励磁により過電圧を誘導しないようにするためには，式(22)が成立する必要がある。

$$Q > (1+\sigma) \times \left(\frac{Q'}{K_c}\right) \times \left(\frac{V_N}{V'}\right)^2 \quad\cdots\cdots\cdots\cdots\cdots\cdots(22)$$

ここに，　Q：発電機定格出力（kVA）
　　　　　Q'：電機子電圧 V' における零力率進相負荷容量（kVA）
　　　　　V_N：定格電圧（V）
　　　　　V'：負荷所要電機子電圧（V）
　　　　　K_c：短絡比
　　　　　σ：電圧 V_N における発電機の飽和係数

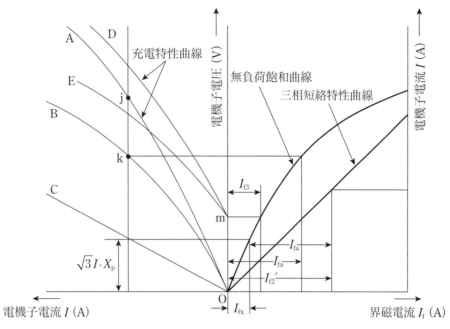

図13—充電特性曲線

14.2.2.9 不平衡率算定法

実測した各相の電機子電圧又は電機子電流値を，各々 a，b，c とする。ただし，これらの電圧又は電流には零相分を含まないものとする。図14に示すように a，b，c を三辺とする三角形OABを描く（OA ＝ a，AB ＝ b，OB ＝ c）。この三角形の重心Gを中心として，BGを半径とする円を描き，その円周上で∠BGN ＝ ∠BGP ＝ 120°となるようにN点とP点を求めると，OP，ONは各々正相分と逆相分であるので，これより不平衡率は，ON/OPで求められる。

各相の電機子電圧又は電機子電流の最大値を定格値に保ったとき，その逆相分が定格値の5％以下であるなら，不平衡率は5.3％以下となるので，次のような方法で逆相分を算定して不平衡率を"逆相分／正相分"として求めることができる。零相分を含まない逆相分を求めるには，図14と同様に三角形OABを描き，図15に示すようにOAを一辺とする正三角形をB側に描いてその頂点をCとすれば，逆相分が $BC/\sqrt{3}$ で求まる。

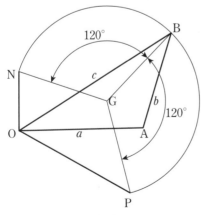

図14—不平衡率の算定方法

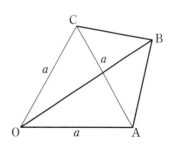

図15—逆相分の算定方法

14.2.3 温度試験
14.2.3.1 温度試験の種類
同期機の温度試験は,次のいずれかの方法による。

a) **実負荷法** 定格負荷状態又はこれに近い負荷状態で試験する方法である。

b) **零力率法** 同期機を無負荷で発電機又は電動機として運転し,定格周波数のほとんど零力率の電機子電流を流し,温度上昇を推定する方法である。

c) **等価温度試験法** 実負荷法又は零力率法によらないで温度上昇を推定する方法であり,次の機械損温度試験,鉄損温度試験,及び銅損温度試験からなる。

1) **機械損温度試験** 無励磁で定格回転速度で行う温度試験。

2) **鉄損温度試験** 電機子端子を開路し,定格回転速度で,特にことわりのない限り定格電圧で行う温度試験。

3) **銅損温度試験** 電機子端子を閉路し,定格回転速度で,特にことわりのない限り定格電流で行う温度試験。

零力率法又は等価温度試験法による試験から,温度上昇が保証値の限度をいくぶん超えることがあっても,直ちに不合格とせず,現地試験などから温度上昇を確認することが望ましい。

温度試験において使用する記号のうち,各方法に共通のものを一括して次に示す。

V_N:定格電圧(V)
V':試験時の電機子電圧(V)
I_N:定格電流(A)
I':試験時の電機子電流(A)
I_{fN}:定格負荷状態における界磁電流(A)
I_f':試験時の界磁電流(A)
θ_a:電圧 V_N,電流 I_N 及び I_{fN} の場合の電機子巻線温度上昇(K)
θ_f:電圧 V_N,電流 I_N 及び I_{fN} の場合の界磁巻線温度上昇(K)
θ_c:電圧 V_N,電流 I_N 及び I_{fN} の場合の電機子鉄心温度上昇(K)

14.2.3.2 実負荷法
実負荷により温度試験を行う方法である。

同期機を定格負荷状態に保持し,温度が一定になるまで運転を継続して行うことが望ましい。しかし,一般に同期機の温度が一定になるまで同期機を定格負荷状態に保持することは困難であるので,やむを得ず定格負荷と異なった状態で行った温度試験の結果から定格負荷状態の温度上昇を推定するには,式(23)及び式(24)により求める。

$$\theta_a = \theta_a' \frac{\theta_{ai} + \theta_{ac} - \theta_{am}}{(\theta_{ai} - \theta_{am})\left(\frac{W_i'}{W_i}\right) + (\theta_{ac} - \theta_{am})\left(\frac{W_e'}{W_e}\right) + \theta_{am}} \quad (K) \quad \cdots (23)$$

$$\theta_f = \theta_f' \left(\frac{I_{fN}}{I_f'}\right)^2 \quad (K) \quad \cdots (24)$$

ここに,θ_{ai}:鉄損温度試験における電機子巻線の温度上昇の実測値(K)
θ_{ac}:銅損温度試験における電機子巻線の温度上昇の実測値(K)
θ_{am}:機械損温度試験における電機子巻線の温度上昇の実測値(K)
θ_a':試験時の電機子巻線温度上昇(K)

θ_f'：試験時の界磁巻線温度上昇（K）

W_i：電圧 V_N における鉄損（W）

W_i'：試験時の電圧 V' における鉄損（W）

W_e：電流 I_N における直接負荷損と漂遊負荷損との和（W）

W_e'：試験時の電流 I' における直接負荷損と漂遊負荷損との和（W）

式(23)及び式(24)を適用するにあたって，実負荷温度試験時の電機子電圧は，定格値の 90 ％以上，電機子電流は 75 ％以上であることが望ましい。

なお，式(24)に対して，風損，磁極表面損などの影響による温度上昇が無視できない場合は，**14.2.3.5** による補正を行う。

14.2.3.3 零力率法

零力率法は，同期調相機に対してはそのままこれを適用し得るが，発電機又は電動機では，無負荷で行う試験であることから，通常，定格電圧，電流及び界磁電流のすべてを同時に満足することはできない。したがって，零力率法による場合には，次のいずれかの方法で温度上昇値を推定する。

a) 電機子電圧 V'，電機子電流 I' ができるだけ定格に近い値が得られるように，できるだけ大きい界磁電流を流して試験し，その結果を次の要領で補正すれば，定格状態の温度上昇が算出される。

   1) これとは別に，定格電圧無負荷状態（電機子電流が最小な状態）で温度試験を行い，電機子巻線の温度上昇 θ_a0 及び電機子鉄心の温度上昇 θ_c0 を求める。

   2) 零力率試験で温度試験を行い，電圧 V' 及び電流 I'，並びに I_f' の場合の電機子巻線温度上昇 θ_a'，電機子鉄心温度上昇 θ_c'，及び界磁巻線温度上昇 θ_f' を求める。

   3) 定格状態に補正した温度上昇は，式(25)，式(26)又は式(27)による。

$$\text{電機子巻線} \quad \theta_\mathrm{a} = \theta_\mathrm{a0} + (\theta_\mathrm{a}' - \theta_\mathrm{a0})\left(\frac{I_\mathrm{N}}{I'}\right)^2 \text{ (K)} \quad \cdots\cdots (25)$$

$$\text{電機子鉄心} \quad \theta_\mathrm{c} = \theta_\mathrm{c0} + (\theta_\mathrm{c}' - \theta_\mathrm{c0})\left(\frac{I_\mathrm{N}}{I'}\right)^2 \text{ (K)} \quad \cdots\cdots (26)$$

$$\text{界磁巻線} \quad \theta_\mathrm{f} = \theta_\mathrm{f}'\left(\frac{I_\mathrm{fN}}{I_\mathrm{f}'}\right)^2 \text{ (K)} \quad \cdots\cdots (27)$$

上記の電圧 V' 及び電流 I' は，できるだけ定格値に近い値であることが必要であるので，その 90 ％以上であることが望ましい。

b) 電機子電流及び界磁電流が定格値になるような電圧 V' で零力率試験を行い，このときの電機子巻線の温度上昇 θ_a'，電機子鉄心の温度上昇 θ_c'，及び界磁巻線の温度上昇 θ_f' を求める。その結果を次の要領で補正すれば，定格状態の温度上昇が算出される。

   1) 電圧 V_N のときの鉄損と前記電圧 V' のときの鉄損との差に等しい鉄損を生じるような電圧の無負荷状態（電機子電流が最小な状態）で温度試験を行い，電機子巻線の温度上昇 θ_a0 及び電機子鉄心の温度上昇 θ_c0 を求める。

   2) 定格状態に補正した温度上昇は，式(28)，式(29)又は式(30)による。

$$\text{電機子巻線} \quad \theta_\mathrm{a} = \theta_\mathrm{a}' + \theta_\mathrm{a0} \text{ (K)} \quad \cdots\cdots (28)$$

$$\text{電機子鉄心} \quad \theta_\mathrm{c} = \theta_\mathrm{c}' + \theta_\mathrm{c0} \text{ (K)} \quad \cdots\cdots (29)$$

$$\text{界磁巻線} \quad \theta_\mathrm{f} = \theta_\mathrm{f}' \text{ (K)} \quad \cdots\cdots (30)$$

c) 電機子電圧及び界磁電流が定格値になるような電流 I' で零力率試験を行い，このときの電機子巻線の温度上昇 θ_a'，電機子鉄心の温度上昇 θ_c'，及び界磁巻線の温度上昇 θ_f' を求める。その結果を次の要領

で補正すれば，定格状態の温度上昇が算出される。

1) 電機子端子を短絡しておき，定格周波数のもとで，電流 I_N の2乗と I' の2乗との差の平方根に等しい電機子電流を流した無負荷状態で温度試験を行い，電機子巻線の温度上昇 θ_{a0} 及び電機子鉄心の温度上昇 θ_{c0} を求める。
2) 上記 **b) 2)** と同様にして，定格状態に補正した温度上昇値を求める。

d) 電機子電流が定格値になるような電圧 V' 及び界磁電流 I_f' で零力率試験を行い，このときの電機子巻線の温度上昇 θ_a'，電機子鉄心の温度上昇 θ_c'，及び界磁巻線の温度上昇 θ_f' を求める。その結果を次の要領で補正すれば，定格状態の温度上昇が算出される。

1) 電圧 V_N 及び前記電圧 V' の電圧の無負荷状態（電機子電流が最小な状態）で温度試験を行い，電機子巻線の温度上昇をそれぞれ θ_{a0} 及び θ_{a0}'，電機子鉄心の温度上昇をそれぞれ θ_{c0} 及び θ_{c0}' とする。
2) 定格状態に補正した温度上昇は，式(31)，式(32)又は式(33)による。

$$\text{電機子巻線}\quad \theta_a = \theta_a' + \theta_{a0} - \theta_{a0}' \ (\text{K}) \quad \cdots (31)$$

$$\text{電機子鉄心}\quad \theta_c = \theta_c' + \theta_{c0} - \theta_{c0}' \ (\text{K}) \quad \cdots (32)$$

$$\text{界磁巻線}\quad \theta_f = \theta_f' \left(\frac{I_{fN}}{I_f'}\right)^2 \ (\text{K}) \quad \cdots (33)$$

なお，式(27)又は式(33)に対して，風損，磁極表面損などの影響による温度上昇が無視できない場合は，**14.2.3.5** による補正を行う。

14.2.3.4 等価温度試験法

等価温度試験法は，鉄損温度試験，及び銅損温度試験の場合の，鉄心及び電機子巻線の最終温度上昇を測定し，それぞれの場合の，鉄心の温度上昇の和，及び電機子巻線の温度上昇の和を，定格状態におけるそれぞれの温度上昇とする。界磁巻線については，**14.2.3.3 d) 2)** と同様にして，定格状態に補正した温度上昇値を推定する。

なお，風損による温度上昇が無視できないときは，電機子巻線については式(34)のとおり温度上昇から機械損温度試験による温度上昇を差し引いて補正する。界磁巻線については **14.2.3.5** によって補正する。

$$\text{電機子巻線}\quad \theta_a = \theta_{ai} + \theta_{ac} - \theta_{am} \ (\text{K}) \quad \cdots (34)$$

14.2.3.5 界磁巻線の温度上昇推定に関する補正

界磁巻線の温度上昇推定において，風損，磁極表面損などの影響による温度上昇が無視できない場合は，次の補正を行う。

なお，この補正をしない場合の温度上昇推定値は，実際の定格時の温度上昇値よりも大きくなる。

a) 風損による温度上昇が無視できないものでは，式(24)，式(27)，式(33)及び **14.2.3.4** における界磁巻線温度上昇測定値から風損による温度上昇を差し引いたものを，式(24)，式(27)及び式(33)で補正したのち，再び風損による温度上昇を加えて求める。

$$\text{式(24)，式(27)及び式(33)に対する補正}\quad \theta_f = (\theta_f' - \theta_{fm})\left(\frac{I_{fN}}{I_f'}\right)^2 + \theta_{fm} \ (\text{K}) \quad \cdots (35)$$

ここに，I_f'：銅損温度試験又は鉄損温度試験における界磁電流（A）

θ_f'：銅損温度試験又は鉄損温度試験における界磁巻線温度上昇（K）

θ_{fm}：機械損温度試験における界磁巻線温度上昇（K）

b) 界磁巻線の温度上昇推定値は，磁極表面損などの影響を受ける場合があるので，その場合には以下の方法により補正してもよい。

等価負荷温度試験で鉄損温度試験の磁極表面損の大きいとき，すなわち，

$\theta_{\mathrm{fi}} - \theta_{\mathrm{fm}} > (\theta_{\mathrm{fc}} - \theta_{\mathrm{fm}})\left(\dfrac{I_{\mathrm{fi}}}{I_{\mathrm{fc}}}\right)^2$ となる条件の場合は，

$$\theta_{\mathrm{f}} = (\theta_{\mathrm{fc}} - \theta_{\mathrm{fm}})\left(\dfrac{I_{\mathrm{fN}}}{I_{\mathrm{fc}}}\right)^2 + \left[(\theta_{\mathrm{fi}} - \theta_{\mathrm{fm}}) - (\theta_{\mathrm{fc}} - \theta_{\mathrm{fm}})\left(\dfrac{I_{\mathrm{fi}}}{I_{\mathrm{fc}}}\right)^2\right] + \theta_{\mathrm{fm}} \quad (\mathrm{K}) \quad \cdots\cdots(36)$$

銅損温度試験の磁極表面損の大きいとき，すなわち，$\theta_{\mathrm{fi}} - \theta_{\mathrm{fm}} < (\theta_{\mathrm{fc}} - \theta_{\mathrm{fm}})\left(\dfrac{I_{\mathrm{fi}}}{I_{\mathrm{fc}}}\right)^2$ となる条件の場合は，

$$\theta_{\mathrm{f}} = (\theta_{\mathrm{fi}} - \theta_{\mathrm{fm}})\left(\dfrac{I_{\mathrm{fN}}}{I_{\mathrm{fi}}}\right)^2 + \left[(\theta_{\mathrm{fc}} - \theta_{\mathrm{fm}}) - (\theta_{\mathrm{fi}} - \theta_{\mathrm{fm}})\left(\dfrac{I_{\mathrm{fc}}}{I_{\mathrm{fi}}}\right)^2\right] + \theta_{\mathrm{fm}} \quad (\mathrm{K}) \quad \cdots\cdots(37)$$

ここに，I_{fi}：鉄損温度試験における界磁電流（A）

I_{fc}：銅損温度試験における界磁電流（A）

θ_{fi}：鉄損温度試験における界磁巻線温度上昇（K）

θ_{fc}：銅損温度試験における界磁巻線温度上昇（K）

θ_{fm}：機械損温度試験における界磁巻線温度上昇（K）

14.2.4 耐電圧試験

14.2.4.1 耐電圧試験の種類

耐電圧試験には，主として交流耐電圧試験及び直流耐電圧試験がある。

14.2.4.2 交流耐電圧試験

14.2.4.2.1 耐電圧試験を行うときの同期機の状態

同期機の耐電圧試験は，絶縁抵抗を測定し，適当と認めたのち，引き続き行う（**JEC-2100 解説 5** 参照）。また，電圧印加されていない他の巻線，周囲の構造物，試験器具などは十分に接地しておかねばならない。

大容量機又は高電圧機の巻線は，試験に先だって大地に十分放電する必要がある。

絶縁抵抗は，原則として独立回路ごとに測定するが，場合によっては等しい定格電圧の回路を一括して行ってもよい。

巻線に印加する電圧は，機器の定格電圧及び絶縁状態に適した値にすべきで，原則として低圧回路では 250 V 又は 500 V，高圧回路では 1 000 V を使用する。

絶縁抵抗の測定にあたって，吸収電流の影響が著しい場合には，試験時間は電流が十分安定するまでとることが必要であるが，一般には 1 分値を測定する。

14.2.4.2.2 試験電圧

試験電圧は，**11.2.3** による。

14.2.4.2.3 試験電圧の周波数及び波形

特に指定のない限り，試験電圧は，試験を行う場所における商用周波数のできるだけ正弦波に近いものを用いる。

注記　できるだけ正弦波に近い交流電圧とは，波形のくるい率 5 % 以下又は波高率 $\sqrt{2} \pm 0.05$ 以下のものをいう。

14.2.4.3 直流耐電圧試験

14.2.4.3.1 耐電圧試験を行うときの同期機の状態

被試験機の状態は，**14.2.4.2.1** の交流耐電圧の状態と同じである。

ただし，直流の場合には，端部漏れ電流及び表面状況の影響は交流より大きいので，乾燥及びじん埃の除去については十分注意を要する。また，電圧印加されていない他の巻線，周囲の構造物，試験器具などは十分に接地しておかねばならない。

14.2.4.3.2 試験電圧

電源は電圧変動の少ない安定した電源とし，試験電圧は **11.2.3** 及び **11.2.4** による。

なお，直流試験では，その試験電圧波形は5％以下のリプルでなければならない。

14.2.4.3.3 試験時間及び注意

耐電圧試験では，電圧が試験電圧値に達した後，その値を1分間保持する。試験電圧値に達するまでの上昇及び下降は徐々に行い，試験設備の最大電流を超えないようにする。また，下降時は急激に下降することを避け，少なくとも1/2以下の電圧に低下してから接地する。接地は，最初1 000〜6 000 Ω/kVの抵抗を通して接地し，数秒後接地線に直接接地して，1時間以上は放置しなければ危険である。

電圧を印加する場合には，線路側及び中性点側の両側を接続して同時に印加する。この場合，印加しない相は線路側及び中性点側とも接地する。

14.2.4.3.4 試験電圧の極性及び電圧測定

試験電圧の極性は，正負いずれを選んでもよいが，試験記録には極性を表示する。また，試験結果を比較する場合には，同じ極性で行うことが望ましい。

試験中又は上昇及び下降中の電圧及び電流を記録しておくことが望ましい。

14.2.4.4 製造工場で完全に組立てを完了しない場合の耐電圧試験

製造工場から出荷される状態の部分的に組立てた巻線又はコイル単独に耐電圧試験を行う場合は，常温において **11.2** に規定する条件で行う。

部分的に組立てた巻線は，分割された固定子ごとに三相一括あるいは各相ごとに耐電圧試験を行う。

コイル単独に耐電圧試験を行う場合は，コイルの絶縁の外周に配した電極とコイルの導体との間に **11.2** に規定する条件で行う。電極は，スロットに挿入される部分にアルミ箔などの金属箔を巻きつけるなどするが，スロットに挿入される部分に低抵抗の塗料及びテープが塗られている場合は，これを電極としてもよい。

14.2.4.5 水素冷却式発電機のブッシングの耐電圧試験

水素冷却式発電機のブッシングは，巻線試験電圧の1.5倍の電圧で，気中において1分間耐えなければならない。

14.2.5 効率試験

14.2.5.1 規約効率の算定方法

同期機の規約効率は，次の **a)**〜**g)** にかかげた各損失の和を全損失 W とし，式(38)又は式(39)により算定する。

$$\eta_g = \frac{P_{out}}{P_{out} + W} \times 100 \quad (\%) \quad \cdots\cdots(38)$$

$$\eta_m = \frac{P_{in} - W}{P_{in}} \times 100 \quad (\%) \quad \cdots\cdots(39)$$

ここに，η_g：同期発電機規約効率 （％）

η_m：同期電動機規約効率 （％）

P_{out}：電気出力 （W）

P_{in}：電気入力 （W）

W：全損失 （W）

a) **無負荷鉄損** 実測より求める。

b) **風損，ブラシ摩擦損及び軸受摩擦損（機械損）** 実測より求める。

c) **直接負荷損** 定格負荷状態における直接負荷損 W_a は，式(40)により算定する。
$$W_\mathrm{a} = 3I_\mathrm{N}^2 \times R_\mathrm{a} \text{ (W)} \tag{40}$$
ここに，I_N：電機子定格相電流（A）

R_a：基準巻線温度（**10.5** 参照）で補正した電機子1相の抵抗（Ω）

注記 1　回転電機子形ではブラシの電気損を含む。

d) **漂遊負荷損**　実測より求める。

e) **界磁巻線の抵抗損**　定格負荷状態における界磁巻線の抵抗損 W_f は，式(41)により算定する。
$$W_\mathrm{f} = I_\mathrm{fN}^2 \times R_\mathrm{f} \text{ (W)} \tag{41}$$
ここに，I_fN：定格界磁電流（A）

R_f：スリップリング間において測定し，これを基準巻線温度（**10.5** 参照）で補正した界磁巻線の抵抗（Ω）

注記 2　ブラシレス励磁方式の場合，界磁巻線の抵抗 R_f の測定法，及び定格負荷状態における界磁電流 I_fN の算定法については，当事者間の協定によって決めてよい。

f) **励磁装置の損失**　**A.7** による。

g) **ブラシの電気損**　ブラシ電流と次のブラシ電圧降下との積からブラシの電気損を算定する。

 1) 炭素ブラシ，電気黒鉛ブラシ又は黒鉛ブラシ　1リングにつき 1.0 V
 2) 金属炭素ブラシ　1リングにつき 0.3 V

注記 3　カロリー法による規約効率の算定は，上記に準じて行うことができる。

14.2.5.2 損失測定法

14.2.5.2.1 機械損，無負荷鉄損及び漂遊負荷損の損失測定法

規約効率の算定に用いられる機械損，無負荷鉄損及び漂遊負荷損は，次の3通りの運転状態における損失の測定により求めることができる。また，測定に含まれる損失は，**表22**のとおりである。

― **機械損試験**　無励磁で定格回転速度で行う試験。
― **鉄損試験**　電機子端子を開路し，定格回転速度で，特にことわりのない限り定格電圧で行う試験。
― **銅損試験**　電機子端子を閉路し，定格回転速度で，特にことわりのない限り定格電流で行う試験。

表22―同期機の機械損試験，鉄損試験及び銅損試験に含まれる損失

試験法	損失							
	固定損				短絡損		励磁回路損	
	機械損			無負荷鉄損	直接負荷損	漂遊負荷損	界磁巻線の抵抗損	励磁装置の損失	ブラシの電気損
	風損	軸受摩擦損	ブラシ摩擦損						
機械損試験	○	○	○	―	―	―	―	―	―
鉄損試験	○	○	○	○	―	―	△	△	△
銅損試験	○	○	○	―	○	○	△	△	△

注記 1　○印は，各々の試験に含まれる損失。
注記 2　△印は，直結励磁機によって励磁した場合に含まれる損失。

以上の試験より，次のように各損失を分離する。

a) **機械損**　機械損試験結果から求める。
b) **無負荷鉄損**　鉄損試験結果から機械損を差し引いて求める。直結励磁機によって励磁した場合には，界磁巻線の抵抗損，励磁装置の損失，及びブラシの電気損をさらに差し引いて求める。界磁巻線の抵抗損は，その試験時の巻線温度における界磁巻線の抵抗及び界磁電流から算出する。

c) **漂遊負荷損** 銅損試験結果から求めるが，漂遊負荷損及び直接負荷損の分離は行わない。ただし，分離しなければならないときは，銅損試験結果から，機械損，並びに試験時の巻線温度における電機子巻線抵抗及び電機子電流から算出した直接負荷損を差し引いて求める。なお，直結励磁機によって励磁した場合は，上記 **b)** と同様にして算出した界磁巻線の抵抗損，励磁装置の損失及びブラシの電気損をさらに差し引く。

 注記 1 定格点以外での効率算定は，上記に準じて行うことができる。

 注記 2 カロリー法の損失測定は，上記に準じて行うことができる。

14.2.5.2.2 発電機として運転する方法（発電機法）

同期機に駆動電動機を結合し，その入力から同期機の損失を求める方法である。測定方法は，次による。

a) **機械損試験** 被試験機を駆動電動機によって定格回転速度で運転する。各軸受の温度が飽和し，他の運転条件もほぼ満たされて駆動電動機の入力が一定となった後，被試験機を無励磁としたまま駆動電動機の電圧，電流及び入力を測定する。

b) **鉄損試験** 被試験機の電機子端子を開放した状態で，界磁電流を段階的に増加して，駆動電動機の入力が安定したことを確認しつつ，被試験機の電機子電圧及び界磁電流，並びに駆動電動機の電圧，電流及び入力を測定する。

c) **銅損試験** 被試験機の電機子端子を短絡した状態で励磁し，被試験機の電機子電流，電機子巻線温度及び界磁電流，並びに駆動電動機の電圧，電流及び入力を測定する。

駆動電動機の結合方法は，直結が望ましいが，困難であれば歯車を使用してもよい。駆動電動機は，与えられた運転条件における出力を算定するため，あらかじめ必要な特性及び損失を測定しておかなければならない。また，歯車を使用する場合，それらの損失も考慮する。

各測定点における駆動電動機の出力は，駆動電動機の入力から駆動電動機の全損失を差し引いて求める。各試験における駆動電動機の出力と被試験機の電機子電圧及び電機子電流との関係は，**図 16** のようになる。

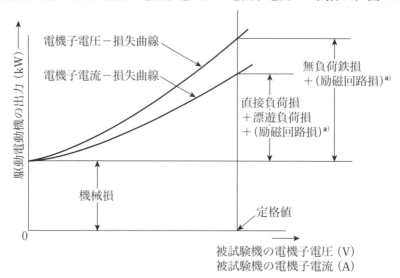

 注 a) 励磁回路損は，直結励磁機によって励磁した場合に含まれる。励磁装置の損失については，当事者間の協議により，形式試験からの推定値又は設計値を使用してもよい。

図 16—同期機損失の分離方法（発電機法）

14.2.5.2.3 電動機として運転する方法（電動機法）

同期機を無負荷の電動機として運転し，その入力を同期機の損失とする方法である。測定方法は，次による。

a) **力率 1 における試験** 被試験機を定格回転速度で運転する。各軸受の温度が飽和し，他の運転条件もほぼ満たされて被試験機の入力が一定となった後，電源電圧及び被試験機の界磁電流を相互に調整して常に力率を 1.0 に保ちながら，運転状態が不安定にならない程度の低い値から電機子電圧を段階的に増加して，各点において被試験機の入力が安定したことを確認しつつ，被試験機の電機子電圧，電機子電流，界磁電流及び入力を測定する。

b) **零力率試験** 電源電圧を調整して電機子電圧をなるべく低い（例 定格の 20 ～ 30 ％ 程度）一定値 V' に保ちながら，被試験機の界磁電流を増加し，被試験機の電機子電圧，電機子電流，電機子巻線温度，界磁電流及び入力を測定する。この場合，力率が極めて低いので，測定精度を高めるための注意が必要である。

各試験における被試験機の入力と，被試験機の電機子電圧及び電機子電流との関係は図 17 のようになる。

a) の測定によって得た電機子電圧－損失曲線を延長して，無電圧のときの入力を求めれば，これが機械損であり，電機子電圧とともに増加する分が無負荷鉄損である。

注記 直接負荷損及び漂遊負荷損は，電機子電流が小さいので無視することができる。

b) の測定によって得た電機子電流－損失曲線において，電機子電流 0 A のときの入力は，機械損と電圧 V' における無負荷鉄損との和であり，電機子電流とともに増加する分が直接負荷損と漂遊負荷損との和である。

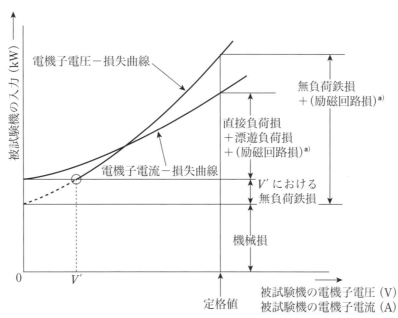

注 [a] 励磁回路損は，直結励磁機によって励磁した場合に含まれる。励磁装置の損失については，当事者間の協議により，形式試験からの推定値又は設計値を使用してもよい。

図 17 ― 同期機損失の分離方法（電動機法）

14.2.5.2.4 減速法による損失の測定

被試験機を定格回転速度以上の速度で運転し，入力を急に絶ち，時間及び速度の減衰曲線から損失を求める方法である。試験は，無励磁，励磁（電機子端子開放）及び励磁（電機子端子短絡）の条件で行う。

得られた回転速度と時間との関係を図 18 のように描く。図 18 の(1)の減速曲線上で，定格回転速度 n_0 min^{-1} の上下にそれぞれ等間隔の回転速度 n_1，n_2 min^{-1} に対応する時間をそれぞれ t_1，t_2 秒とすれば，機械損 W_m は，式(42)により求められる。

$$W_\mathrm{m} = 5.48 \times J \times \frac{n_1^2 - n_2^2}{t_2 - t_1} \times 10^{-6} \ (\mathrm{kW}) \quad\cdots\cdots(42)$$

ここに，J：慣性モーメント（kg·m²）

n_0 と n_1 との間隔，及び n_0 と n_2 との間隔はそれぞれ n_0 の 1.5〜2% にとるとよい。

図 18 の(1)及び(2)の減速曲線から無負荷鉄損 W_i を，図 18 の(1)及び(3)の減速曲線から"直接負荷損 + 漂遊負荷損"W_s を求めることができる。

$$W_\mathrm{i} = \left(\frac{t_2 - t_1}{t_4 - t_3}\right) \times W_\mathrm{m} - W_\mathrm{m} \ (\mathrm{kW}) \quad\cdots\cdots(43)$$

$$W_\mathrm{s} = \left(\frac{t_2 - t_1}{t_6 - t_5}\right) \times W_\mathrm{m} - W_\mathrm{m} \ (\mathrm{kW}) \quad\cdots\cdots(44)$$

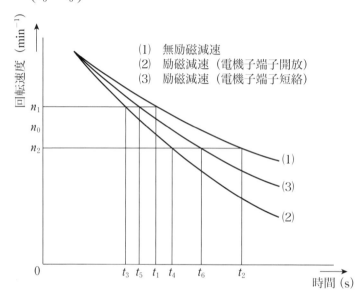

図 18—減速特性

減速曲線は，回転速度を対数目盛で表すと，ほぼ直線となる。図 19 において，縦軸に回転速度 n min^{-1} に比例する量 V_ω（例　回転計発電機の誘導電圧）の対数 S_1 をとると，損失 W は，式(45)により求められる。

$$W = 25.2 \times J \times n_0^2 \times \left|\frac{\mathrm{d}S_1}{\mathrm{d}t}\right| \times 10^{-6} \ (\mathrm{kW}) \quad\cdots\cdots(45)$$

ここに，$\dfrac{\mathrm{d}S_1}{\mathrm{d}t}$：$n_0$ における微分係数

$$S_1 = \log_{10} V_\omega$$
$$V_\omega = \lambda \times n$$

λ：比例定数

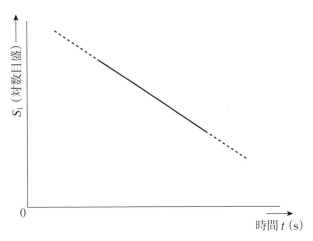

図 19 — 減速時定数

14.2.5.3 実測効率の算定方法

14.2.5.3.1 カロリー法による損失の測定

全負荷での実測効率を算定するには,カロリー法が用いられる。同期機の発生損失は,すべて熱となり外部に放出される。この総熱量を測定することにより,被試験機の損失を算定することができる(**図 20** 参照)。

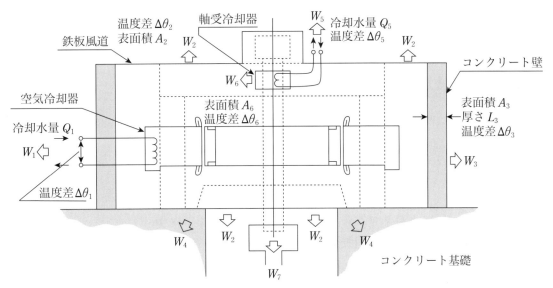

図 20 — 同期機の損失熱

14.2.5.3.2 損失算定式

被試験機の損失は,次の各損失の総和として得られる。

a) **空気,ガス,又は液体冷却器の冷却水が運び出す損失**　この損失 W_1 は,式(46)による。

$$W_1 = K_1 \times Q_1 \times \Delta\theta_1 \text{ (kW)} \quad \cdots\cdots\cdots(46)$$

ここに,Q_1:冷却水量(L/s)

$\Delta\theta_1$:冷却水の入口水温と出口水温との温度差(K)

K_1:水の比熱(kW·s/L·K)(**図 21** 参照)

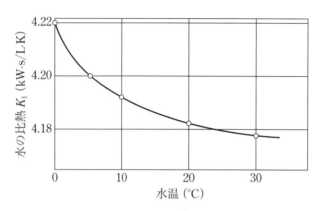

図21—冷却水の比熱特性

なお，冷却器内における冷却水の圧力降下による発熱が無視できない場合は，この温度上昇分の補正を行うことが望ましい。

b) 鉄板風道表面から周囲空気に対流熱伝達及び放射熱伝達される損失 この損失 W_2 は，式(47)による。

$$W_2 = K_2 \times A_2 \times \Delta\theta_2 \times 10^{-3} \text{ (kW)} \quad \cdots\cdots(47)$$

ここに，A_2：鉄板風道表面積（m²）

$\Delta\theta_2$：鉄板風道表面温度と周囲空気温度との差（K）

K_2：鉄板風道表面の熱伝達係数，$11 + 4v_2$（W/m²·K）

v_2：周囲空気の平均風速（m/s）

鉄板風道表面から周囲空気の温度分布は複雑である。したがって，$\Delta\theta_2$ を各測定値の平均から求めることをせず，風道表面をいくつかのブロックに分け，ブロックごとに損失を算定することが望ましい。

c) コンクリート壁を通して熱伝達する損失 この損失 W_3 は，式(48)による。

$$W_3 = K_3 \times \frac{A_3}{L_3} \times \Delta\theta_3 \times 10^{-3} \text{ (kW)} \quad \cdots\cdots(48)$$

ここに，L_3：コンクリート壁の厚さ（m）

A_3：コンクリート壁表面積（m²）

$\Delta\theta_3$：コンクリート壁内外の温度差（K）

K_3：コンクリート壁の熱伝導率，1.8（W/m·K）

d) 基礎へ熱伝達される損失 この損失 W_4 は，測定が困難であること，及び伝達量が極めて小さいことから，ほとんどの場合省略される。考慮する場合には，**b)** 及び **c)** に準じて行う。

e) 軸受冷却器の冷却水が運び出す損失 この損失 W_5 は，式(49)による。

$$W_5 = K_1 \times Q_5 \times \Delta\theta_5 \text{ (kW)} \quad \cdots\cdots(49)$$

ここに，Q_5：冷却水量（L/s）

$\Delta\theta_5$：冷却水入口温度と出口温度との差（K）

K_1：水の比熱（kW·s/L·K）（**a**）参照）

水車発電機の場合，水車回転部重量及び水スラストによる損失が含まれるので，式(50)のとおりこれを除外する。

$$W_5 = K_1 \times Q_5 \times \Delta\theta_5 \times \frac{G_g}{G_g + G_f + G_h} \text{ (kW)} \quad \cdots\cdots(50)$$

ここに，G_g：同期機回転部重量（N）

G_f：水車回転部重量（N）

G_h:水スラスト(N)

f) **軸受冷却器が同期機風道内にある場合の軸受冷却器タンク表面から同期機空気冷却回路内に逃げる損失** この損失 W_6 は,式(51)による。W_6 は,W_1 の中に含まれて測定される。

$$W_6 = K_6 \times A_6 \times \Delta\theta_6 \times 10^{-3} \text{ (kW)} \quad \cdots\cdots(51)$$

ここに,A_6:空気冷却回路内の軸受タンク表面積(m²)
$\Delta\theta_6$:冷却空気と軸受タンク表面の平均温度差(K)
K_6:熱伝達係数,$6 + 4v_6$(W/m²·K)
v_6:軸受タンク表面に沿っての平均風速(m/s)

g) **主軸を通って熱伝達する損失** この損失 W_7 は,極めて小さい値なので,通常無視することができる。

h) **励磁装置の損失** a)〜g)に含まれない励磁装置の損失 W_8 は,**A.7**による。

i) **全損失** 全損失 W は,式(52)による。

$$W = W_1 + W_2 + W_3 + W_4 + W_5 + W_7 + W_8 \text{ (kW)} \quad \cdots\cdots(52)$$

14.2.5.3.3 測定方法

測定方法は,次による。

a) **冷却水量の測定** 冷却器の冷却水量の測定は,測定誤差を±1%以内に抑えるように行う必要がある。水圧変化などによる流量変化は,極力生じさせないことが必要であるが,測定値のばらつく場合には,10回以上の測定を行い,平均値をとるのがよい。

b) **冷却水温度差の測定** 冷却水温度差の測定は,同期機各部の温度上昇が平衡状態に達したのち,冷却水の同期機本体出入口に最も近い位置で行う。

温度計には抵抗温度計,熱電温度計及び液体封入ガラス温度計を用い,温度差は通常3〜5Kくらいなので,測定誤差を±0.05℃以内に抑える必要がある。

c) **鉄板風道コンクリート壁内外の温度差測定** 温度の測定は,b)と同じく抵抗温度計,熱電温度計及び液体封入ガラス温度計により行うが,その測定誤差は±0.5℃以内であればよい。

d) **熱平衡の判定** カロリー法による損失測定は,同期機各部の温度分布が平衡状態に達したのち行う。冷却水温度上昇の変化が1時間あたり0.1℃以下になったとき,平衡状態に達したものと考えてよい。

e) **測定上の注意** 軸受摩擦損は,油温度によって異なるため,油温度を極力一定に保ちつつ測定を行うことが望ましい。

注記 定格点以外での効率算定は,上記に準じて行うことができる。

14.2.6 電動機特性試験

14.2.6.1 始動特性試験法

14.2.6.1.1 一般

この試験は,自己始動可能な同期電動機の始動特性を得るために行う。

始動電流,始動トルク,トルク特性曲線及び引入れトルクの算定において使用する記号のうち,各方法に共通のものを一括して次に示す。

V_N:定格電圧(全電圧)(V)
V_s':試験時の各滑りにおける電機子電圧(V)
V_{st}':試験における始動時(静止状態)の電機子電圧(V)
I_s:各滑りにおける定格電圧 V_N での電機子電流(A)
I_{st}:定格電圧 V_N における始動時(静止状態)の電機子電流(A)であり,これを"始動電流"と呼ぶ。

I_s'：試験時の各滑りにおける電機子電流（A）

I_{st}'：試験における始動時（静止状態）の電機子電流（A）

T_s：各滑りにおける定格電圧 V_N での電動機トルク（N·m）

T_{st}：定格電圧 V_N における始動時（静止状態）の電動機トルク（N·m）であり，これを"始動トルク"と呼ぶ。

T_s'：試験時の各滑りにおける電動機トルク（N·m）

T_{st}'：試験における始動時（静止状態）の電動機トルク（N·m）

P_N：電動機定格出力（kW）

P_i'：試験時の電圧 V_s' における電動機入力（kW）

注記 各滑りとは，静止状態から同期引入れに至る間の滑りをいう。

14.2.6.1.2 始動電流の測定法

界磁巻線は，指定された放電抵抗を挿入して閉路し，適当な方法で回転子を拘束したのち，電機子端子に定格周波数の電源により定格電圧又は低電圧を加え，電源から流入する電機子電流を測定する。

また，電機子電流は，各相の値が異なるので，その平均値をとる。

始動電流の測定法には，次のような方法がある。

a) 正比例法 全電圧始動のとき，定格電圧より低い電圧で試験を行った場合，始動電流 I_{st} は，式(53)により換算する。

$$I_{st} = I_{st}' \frac{V_N}{V_{st}'} \quad (\text{A}) \quad \cdots\cdots\cdots\cdots(53)$$

通常，I_{st}' は，定格電機子電流に近い値とする。

磁気飽和が大きい電動機の場合は，b) の対数比例法によって始動電流 I_{st} を求めるのがよい。

b) 対数比例法 拘束試験を全負荷電流の他に，その約2倍の電流について行い，そのときの電圧 V_{s2}' 及び電流 I_{s2}' を測定することで，始動電流 I_{st} は，式(54)により求められる。

$$I_{st} = I_{st}' \left(\frac{V_N}{V_{st}'}\right)^\alpha \quad (\text{A}) \quad \cdots\cdots\cdots\cdots(54)$$

ここに，$\alpha = \dfrac{\log_{10}\left(\dfrac{I_{s2}'}{I_{st}'}\right)}{\log_{10}\left(\dfrac{V_{s2}'}{V_{st}'}\right)}$

試験は，始動装置を始動位置に保って定格周波数及び定格電圧の電源に接続して始動電流を測定することを原則とするが，電動機単体で測定を行い，これを始動装置のある場合に換算してもよい。

なお，始動方式による換算は，**表23**の方法で行う。

表23－始動特性換算法

始動方式		電源電圧	電源電流	電源容量	電動機電機子電圧	電動機電機子電流
全電圧始動		V_1	I_{st}	$V_1 \cdot I_{st}$	V_1	I_{st}
低減電圧始動	リアクトル始動	V_1	$a \cdot I_{st}$	$a \cdot V_1 \cdot I_{st}$	$a \cdot V_1$	$a \cdot I_{st}$
	単巻変圧器始動	V_1	$a^2 \cdot I_{st}$	$a^2 \cdot V_1 \cdot I_{st}$	$a \cdot V_1$	$a \cdot I_{st}$

注記 ここに，$a = \dfrac{電動機電機子電圧}{電源電圧 V_1}$

14.2.6.1.3 始動トルクの測定法
始動トルクの測定法には，次のような方法がある。

a) **交流入力法** 界磁巻線を指定された放電抵抗で閉路し，適当な方法で回転子を拘束したのち，電機子端子に定格周波数の電源より試験電圧を加えて，そのときの電機子電圧，電流及び入力を測定する。百分率（％）で表した始動トルク T_{st} は，式(55)により求められる。

$$T_{st} = \frac{[P_i' - (W_i' + W_c' + W_s')]\left(\dfrac{I_{st}}{I_{st}'}\right)^2 - W_m}{P_N} \times 100 \;(\%) \quad \cdots\cdots(55)$$

ここに，W_i'：試験時の電機子電圧 V_{st}' における鉄損（kW）
　　　　　　　定格回転速度での各電圧に対する鉄損をあらかじめ測定しておき，この測定した損失曲線より試験時の電機子電圧に対応する鉄損を求める。
　　　　W_c'：試験時の電機子電流 I_{st}' における直接負荷損（kW）
　　　　　　　試験時の巻線温度における直接負荷損を計算により求める。
　　　　W_s'：試験時の電機子電流 I_{st}' における漂遊負荷損（kW）
　　　　　　　定格回転速度で各電機子電流に対する漂遊負荷損をあらかじめ測定し，この測定損失曲線より試験時の電機子電流に対応する漂遊負荷損を求める。
　　　　W_m：電動機静止摩擦損（kW）

なお，電流 I_{st} は，式(53)又は式(54)による。

b) **ばねばかりを使用する方法** 界磁巻線を指定された放電抵抗で閉路し，回転子軸端に腕木を水平に取り付け，その一端をばねばかり又は台はかりを介して拘束する。

電機子巻線に定格周波数の電源より定格電圧又は低電圧を加え，そのときの電圧，電流，入力及びばねばかりの読みを測定する。

このときのトルク T_{st}' は，式(56)により計算する。

$$T_{st}' = (G_w - G_{w0})l \;(\text{N·m}) \quad \cdots\cdots(56)$$

ここに，G_w：ばねばかりの読み（N）
　　　　G_{w0}：電圧を加える前のばねばかりの読み（N）
　　　　　l：腕木の実効長（電動機の中心からばねばかりのかかった位置までの長さ）（m）

定格電圧より低い電圧で測定した場合は，式(57)により計算する。

$$T_{st} = T_{st}'\left(\frac{I_{st}}{I_{st}'}\right)^2 \;(\text{N·m}) \quad \cdots\cdots(57)$$

なお，電流 I_{st} は，式(53)又は式(54)による。

14.2.6.1.4 トルク特性曲線
自己始動可能な同期電動機を誘導電動機として始動し，同期速度に至る間の回転速度と利用できるトルクとの関係を曲線化したものをいう。

トルク特性の測定法には，次のような方法がある。

a) **直流発電機法** 損失のわかった直流発電機を使用し，これと被試験機とをベルト掛け又は直結で連結する。

このとき，被試験機の界磁巻線は，指定された放電抵抗で閉路しておく。

被試験機を定格周波数の電源で始動し，電機子電圧は測定の間一定に保つ。

滑りは直流発電機の負荷を調整しながら測定可能な最低速度より同期速度まで変化させ，各滑りにおける同期電動機の電機子巻線の端子電圧，電流，入力，及び界磁巻線の電圧，電流，並びに直流発電機の入力，電機子巻線の端子電圧，電流，及び界磁巻線の電圧，電流を測定する。

電流 I_s は，式(58)により算定する。

$$I_s = I_s' \frac{V_N}{V_s'} \text{ (A)} \quad \cdots\cdots(58)$$

これらの測定値より，百分率（%）で表したトルク T_s を式(59)により算定し，トルク特性曲線を求める。

$$T_s = \frac{(P_G' + W_G' + W_m)\left(\frac{I_s}{I_s'}\right)^2 - W_m}{P_N} \times \frac{n_0}{n_s'} \times 100 \text{ (%)} \quad \cdots\cdots(59)$$

ここに，P_G'：各滑りにおける直流発電機出力（kW）

W_G'：各滑りにおける直流発電機損失（kW）

W_m：各滑りにおける電動機機械損（kW）

n_0：定格回転速度（min^{-1}）

n_s'：試験時の各滑りにおける回転速度（min^{-1}）

同様にして，界磁巻線誘導電圧 V_f 及び界磁電流 I_f を式(60)及び式(61)により算定する。

$$V_f = V_f' \frac{V_N}{V_s'} \text{ (V)} \quad \cdots\cdots(60)$$

$$I_f = I_f' \frac{V_N}{V_s'} \text{ (A)} \quad \cdots\cdots(61)$$

ここに，V_f：各滑りにおける電機子電圧 V_N での界磁巻線誘導電圧（V）

V_f'：試験時の各滑りにおける電機子電圧 V_s' での界磁巻線誘導電圧（V）

I_f：各滑りにおける電機子電圧 V_N での界磁電流（A）

I_f'：試験時の各滑りにおける電機子電圧 V_s' での界磁電流（A）

b) 交流入力法 界磁巻線を指定された放電抵抗で閉路しておき，被試験機を無負荷で始動し，あらかじめ定めた加速途中の滑りにおける電機子巻線の端子電圧，電流及び入力，並びに界磁巻線の端子電圧及び電流を測定する。特に，トルク特性曲線に急激な変化が起こる場合がある同期速度の50%及び公称引入れトルクを定める95%速度付近は，注意して測定する。

この試験において，電機子巻線に加える電圧は，始動から同期速度までの加速時間が測定に適当であるように選定し，測定時間中一定に保つことが望ましい。

この試験は，同一電圧で2回以上繰り返し行い，試験値を確かめる必要がある。

各滑りにおける百分率（%）で表したトルク T_s は，式(62)により求められる。

$$T_s = \frac{\left[P_i' - (W_i' + W_c' + W_s')\right]\left(\frac{I_s}{I_s'}\right)^2 - W_m}{P_N} \times 100 \text{ (%)} \quad \cdots\cdots(62)$$

ここに，W_i'：各滑りにおける電機子電圧 V_s' での鉄損（kW）

W_c'：各滑りにおける電機子電流 I_s' での直接負荷損（kW）

W_s'：各滑りにおける電機子電流 I_s' での漂遊負荷損（kW）

W_m：各滑りにおける電動機の機械損（kW）

なお，電流 I_s の換算は，式(58)による。

c) **速度変化率法** 交流入力法と同様に，電動機を単体で適当な電圧をかけて始動し，時間と回転速度との関係を推定する。被試験機を同期速度まで加速した後，電圧を除き，減速時にも時間と回転速度との関係を推定する。この測定値から時間回転速度曲線を描く。加速度及び減速度をその曲線の接線より求めれば，各滑りにおける百分率（%）で表したトルク T_s は，式(63)により算定される。

$$T_\text{s} = \frac{Jn_0}{91\,200 \times P_\text{N}}\left[\left(\frac{\Delta n}{\Delta t} + \frac{\Delta n'}{\Delta t}\right)\left(\frac{I_\text{s}}{I_\text{s}'}\right)^2 - \frac{\Delta n'}{\Delta t}\right] \times 100 \ (\%) \quad \cdots\cdots(63)$$

ここに，J：慣性モーメント（kg·m²）

n_0：定格回転速度（min⁻¹）

$\dfrac{\Delta n}{\Delta t}$：加速度（min⁻¹/s）

$\dfrac{\Delta n'}{\Delta t}$：減速度（min⁻¹/s）

14.2.6.1.5 引入れトルク及び公称引入れトルク

引入れトルクを実測することは困難であり，一般に公称引入れトルクを用いる。この公称引入れトルク算定法は，**14.2.6.1.4** で求めたトルク特性曲線において，5%の滑りでのトルクをもって公称引入れトルクとする。

ただし，低減電圧から求めたトルクからの換算は，式(59)，式(62)及び式(63)により行う。なお，実測ができない場合には，受渡当事者間の協定により，公称引入れトルクを計算から求めてもよい。

14.2.6.2 脱出トルク算定法

同期電動機の脱出トルク P_m は，実測が困難であるので，通常，定格出力（kW）のトルクを基準にして，式(64)により求められる。

$$P_\text{m} = \frac{K_\text{T} I_\text{fN}}{I_\text{f2} \cos\phi} \ (\text{p.u.}) \quad \cdots\cdots(64)$$

ここに，I_fN：定格負荷状態における界磁電流（A）

I_f2：三相短絡特性曲線上の定格電機子電流に相当する界磁電流（A）

$\cos\phi$：定格力率

K_T：係数（通常 1～1.25）

$$K_\text{T} = \sqrt{1 - \cos^2\delta_\text{m}}\left[1 + \frac{V}{e_\text{d}}(\zeta - 1)\cos\delta_\text{m}\right] \quad \cdots\cdots(65)$$

e_d：同期機内部リアクタンス電圧 $\left(\dfrac{I_\text{fN}}{I_\text{f0}}\right)$（p.u.）

I_f0：無負荷定格電圧時の界磁電流（A）

V：電機子電圧（p.u.）

$\zeta : \dfrac{X_\text{d}}{X_\text{q}}$

X_d：直軸同期リアクタンス（p.u.）

X_q：横軸同期リアクタンス（p.u.）

δ_m：トルク最大となる相差角（°）

（$\zeta \neq 1.0$ の場合）

$$\cos\delta_\mathrm{m} = \frac{-e_\mathrm{d} + \sqrt{e_\mathrm{d}^2 + 8\times(\zeta-1)^2 V^2}}{4\times(\zeta-1)V} \quad\cdots\cdots(66)$$

なお，定格電圧すなわち $V=1$ の場合の K_T の値は，**図22**より求められる。ただし，$\zeta = 1.0$ のときは，$K_\mathrm{T} = 1.0$ となる。

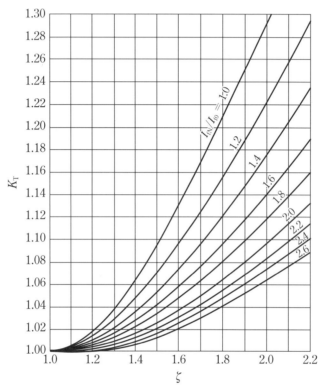

図22—脱出トルク

14.2.6.3　V曲線及びその測定法

この試験において，電機子電圧の変化が避けられない場合は，電機子電圧を同時に記録し，その変化の範囲を定格電圧の±5％以内にすることが望ましい。特に指定のない限り，一般には無負荷におけるV曲線の測定だけとする。

まず，界磁電流を徐々に低下して界磁電流0Aから測定を開始する。界磁電流を徐々に増加し，各界磁電流に対する電機子電流を測定する。このとき，電機子電流は，徐々に減少し最小値に達する。さらに，界磁電流を増加するに従い増加する（**図23**参照）。

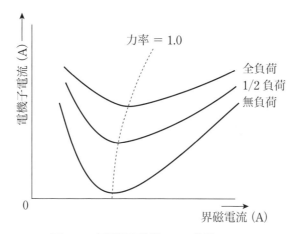

図23—同期電動機のV曲線

14.2.7 諸定数の測定

14.2.7.1 直軸同期リアクタンス X_d

14.2.7.1.1 測定法(その1)(無負荷飽和曲線及び三相短絡特性曲線から求める方法)

直軸同期リアクタンス(飽和値)は,三相短絡特性曲線上の定格電機子電流 I_N に相当する界磁電流 I_{f2} の,無負荷定格電圧時の界磁電流 I_{f0} に対する比で表す。

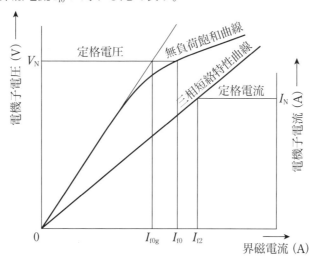

図24—無負荷飽和曲線及び三相短絡特性曲線

直軸同期リアクタンス X_d は,式(67)及び式(68)により求められる。

$$\text{飽和値} \quad X_d \fallingdotseq Z_d = \frac{I_{f2}}{I_{f0}} \quad (\text{p.u.}) \quad \cdots\cdots(67)$$

$$\text{不飽和値} \quad X_d = \frac{I_{f2}}{I_{f0g}} \quad (\text{p.u.}) \quad \cdots\cdots(68)$$

注記1 本来,X_d と Z_d とは異なるが,X_d(リアクタンス成分)に対し,R_d(抵抗成分)が十分小さい($X_d \gg R_d$)ため,$X_d \fallingdotseq Z_d$ とする。

注記2 他のリアクタンスの飽和値及び不飽和値については,**附属書D**による。

14.2.7.1.2 測定法(その2)(滑り法)

この測定は,**14.2.7.2.1**による。

14.2.7.2 横軸同期リアクタンス X_q
14.2.7.2.1 測定法（その1）（滑り法）

発電機の界磁回路を開放し，無励磁のまま回転子を同期速度よりわずかにはずれ，1.0%以内のできるだけ小さい滑りで運転し，電機子回路に定格周波数で定格電圧の10%程度の三相平衡電圧を加える。

発電機の電機子電流，電機子電圧及び開路状態の界磁巻線の誘導電圧を測定すると図25のような結果が得られる。

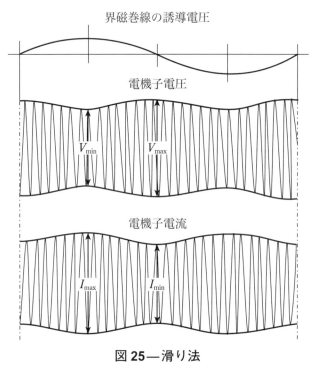

図25―滑り法

図25より，電機子電流の最大値 I_{max} 及び最小値 I_{min}，並びに電機子電圧の最大値 V_{max} 及び最小値 V_{min} を求めることで，横軸同期リアクタンス X_q 及び直軸同期リアクタンス X_d は，式(69)及び式(70)により求められる。

$$X_q = \frac{V_{min}}{\sqrt{3}I_{max}} \ (\Omega) \quad \cdots\cdots(69)$$

$$X_d = \frac{V_{max}}{\sqrt{3}I_{min}} \ (\Omega) \quad \cdots\cdots(70)$$

横軸同期リアクタンス X_q は，式(67)で求めた直軸同期リアクタンス X_d を用い，式(71)から求めることにより，さらによい結果が得られる。

$$X_q = X_d \left(\frac{V_{min}}{V_{max}}\right)\left(\frac{I_{min}}{I_{max}}\right) \ (\text{p.u.}) \quad \cdots\cdots(71)$$

14.2.7.2.2 測定法（その2）（逆励磁法）

同期機を無負荷定格回転速度で運転し，適当な遅相容量をもつ電源に接続する。同期機の励磁を徐々に下げて零とし，さらに極性を逆にして徐々に励磁を増していく。ある値まで励磁を増していくと同期がはずれ，1極分だけ回転子の機械的位置がずれて電機子電流が減少する。この同期外れの直前の最大電機子電流 I 及びそのときの電機子電圧 V を測定することで，横軸同期リアクタンス X_q は，式(72)により求められる。

$$X_{\mathrm{q}} = \frac{V}{\sqrt{3}I} \ (\Omega) \quad\cdots\cdots\cdots(72)$$

14.2.7.2.3 測定法(その3)(実負荷法)

同期機を系統につないだ状態で,定格有効出力の50%以上かつ定格力率にて運転を行う。このとき,電機子電流 I,電機子電圧 V,電流と電圧との間の位相 ϕ,及び内部相差角 δ を測定することで,横軸同期リアクタンス X_{q} は,式(73)により求められる。

$$X_{\mathrm{q}} = \frac{V \tan \delta}{\sqrt{3}I(\cos\phi - \sin\phi \tan\delta)} \ (\Omega) \quad\cdots\cdots\cdots(73)$$

14.2.7.3 直軸過渡リアクタンス X_{d}'

14.2.7.3.1 測定法(その1)(三相突発短絡試験から求める方法)

同期機を無負荷定格回転速度で運転し,定格電圧の15〜30%の電圧が発生した状態で,電機子端子の三相を開閉器で突発短絡し,電機子電流及び界磁電流の変化を測定する。

図26に示すように上下包絡線及び中央線を描き,中央線から包絡線までの長さ,すなわち交流分の波高値の三相の平均値の $1/\sqrt{2}$ を時間に対して描けば,図27に示すような交流分実効値の減衰曲線が得られる。この交流分と持続短絡電流との差 $\Delta I'$ を,図28に示すように縦軸だけ対数目盛に描き,下方直線部分を延長して縦軸との交点を $(\Delta I')_0$ とすれば,直軸過渡リアクタンス X_{d}' は,式(74)により求められる。

$$X_{\mathrm{d}}' = \frac{1}{\sqrt{3}} \cdot \frac{V}{I + (\Delta I')_0} \ (\Omega) \quad\cdots\cdots\cdots(74)$$

ここに, V:突発短絡前の電機子電圧(V)

I:持続短絡電流(A)

$(\Delta I')_0$:短絡した瞬時の $\Delta I'$ の値(A)

ここで,$(\Delta I')_0$ が36.8%($0.368 = 1/e$)まで減衰するのに要する時間を,図28から求める。この時間が,直軸短絡過渡時定数 T_{d}'(**14.2.7.10** 参照)である。

図28における曲線部分と直線部の延長線との差 $\Delta I''$ を,再び縦軸だけ対数目盛にして描けば,直線を得る。この直線を延長して,縦軸との交点を $(\Delta I'')_0$ とすれば,直軸初期過渡リアクタンス X_{d}''(**14.2.7.4** 参照)は,式(75)により求められる。

$$X_{\mathrm{d}}'' = \frac{1}{\sqrt{3}} \cdot \frac{V}{I + (\Delta I')_0 + (\Delta I'')_0} \ (\Omega) \quad\cdots\cdots\cdots(75)$$

ここに,$(\Delta I'')_0$:短絡した瞬時の $\Delta I''$ の値(A)

ここで,$(\Delta I'')_0$ が36.8%まで減衰するのに要する時間を,図28から求める。この時間が,直軸短絡初期過渡時定数 T_{d}''(**14.2.7.11** 参照)である。

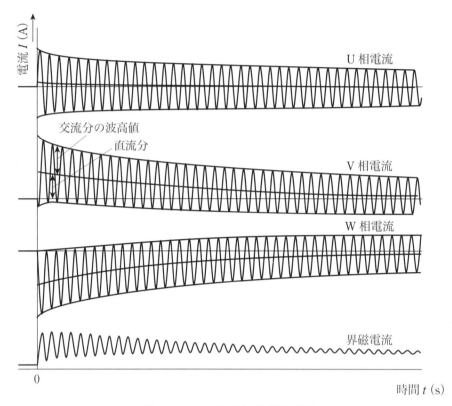

図 26—三相突発短絡電流特性

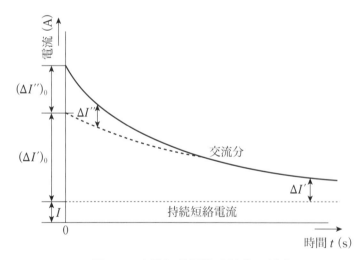

図 27—突発短絡電流交流分の減衰

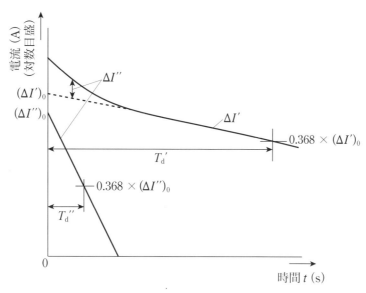

図 28—突発短絡電流の時定数

14.2.7.3.2 測定法（その 2）（電圧回復法から求める方法）

同期機を定格回転速度で運転し，電機子端子の三相を開閉器で短絡した状態で，無負荷定格電圧時の界磁電流に等しい界磁電流を流す。電機子電流が安定しているときに開閉器を開放し，このときの電機子電圧の変化を測定する。

電機子電圧の包絡線を描き，各時刻における電圧（実効値）と持続電圧との差 ΔV を，**図 29** に示すように片対数目盛に描く。この曲線の直線部分を延長して，縦軸との交点を $(\Delta V')_0$ とすれば，直軸過渡リアクタンス X_d' は，式(76)により求められる。

$$X_d' = \frac{V - (\Delta V')_0}{\sqrt{3}I} \ (\Omega) \quad\quad\quad\quad\quad\quad\quad\quad\quad\quad (76)$$

ここに，I：開閉器開放前の電機子電流（A）
　　　　V：持続電圧（V）
　　　　$(\Delta V')_0$：開放した瞬時の $\Delta V'$ の値（V）

また，**図 29** における曲線部分と直線部分の延長線との差 $\Delta V''$ を同じ片対数目盛に描くと，直線を得る。この直線を延長して縦軸との交点を $(\Delta V'')_0$ とすれば，直軸初期過渡リアクタンス X_d'' は，式(77)により求められる。

$$X_d'' = \frac{V - [(\Delta V')_0 + (\Delta V'')_0]}{\sqrt{3}I} \ (\Omega) \quad\quad\quad\quad\quad\quad\quad\quad\quad\quad (77)$$

ここで，$(\Delta V')_0$ が 36.8 %（0.368 = 1/e）まで減衰するのに要する時間を，**図 29** から求める。この時間が，開路時定数 T_{do}'（**14.2.7.9** 参照）である。

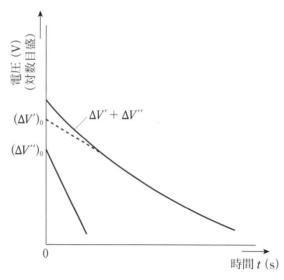

図 29—電圧特性

14.2.7.4 直軸初期過渡リアクタンス X_d''

14.2.7.4.1 測定法(その1)(三相突発短絡試験から求める方法)

この測定は,**14.2.7.3.1** による。

14.2.7.4.2 測定法(その2)(ダルトン―カメロン法)

回転子を任意の位置に静止させ,界磁巻線は電流計を接続して短絡する。場合によりCTを使用してもよい。

電機子巻線のUV,VW及びWU端子に,定格周波数の単相電圧を順次加えて,電圧及び電流を数点にわたって測定する。測定回路は,**図 30** に示すとおりである。

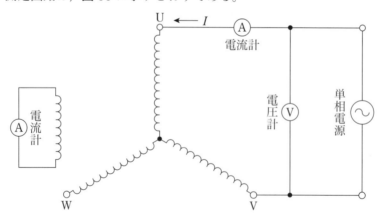

図 30—ダルトン―カメロン法による測定回路

UV相に加えたときの電圧と電流との比を A として,式(78)により求める。

$$A = \frac{V_{\mathrm{UV}}}{I_{\mathrm{UV}}} \ (\Omega) \quad \cdots\cdots(78)$$

ここに,V_{UV}:UV端子に加えた線間電圧(V)
I_{UV}:UV端子に電圧を加えたときの線電流(A)

同様にして,VW端子及びWU端子に電圧を加えたときの電圧と電流との比をそれぞれ B 及び C として,式(79)及び式(80)により求める。

$$B = \frac{V_{\mathrm{VW}}}{I_{\mathrm{VW}}} \ (\Omega) \quad \cdots\cdots\cdots\cdots\cdots\cdots\cdots\cdots\cdots(79)$$

$$C = \frac{V_{\mathrm{WU}}}{I_{\mathrm{WU}}} \ (\Omega) \quad \cdots\cdots\cdots\cdots\cdots\cdots\cdots\cdots\cdots(80)$$

以上で求めた A，B 及び C により，K 及び M を，式(81)及び式(82)により求める。

$$K = \frac{A + B + C}{3} \quad \cdots\cdots\cdots\cdots\cdots\cdots\cdots\cdots\cdots(81)$$

$$M = \sqrt{(B - K)^2 + \frac{(C - A)^2}{3}} \quad \cdots\cdots\cdots\cdots\cdots\cdots\cdots\cdots\cdots(82)$$

直軸初期過渡リアクタンス X_{d}'' は，式(83)による。

$$X_{\mathrm{d}}'' = \frac{K \mp M}{2} \ (\Omega) \quad \cdots\cdots\cdots\cdots\cdots\cdots\cdots\cdots\cdots(83)$$

同様に，横軸初期過渡リアクタンス X_{q}'' は，式(84)による。

$$X_{\mathrm{q}}'' = \frac{K \pm M}{2} \ (\Omega) \quad \cdots\cdots\cdots\cdots\cdots\cdots\cdots\cdots\cdots(84)$$

また，逆相リアクタンス X_2 は，式(85)による。

$$X_2 = \frac{K}{2} \ (\Omega) \quad \cdots\cdots\cdots\cdots\cdots\cdots\cdots\cdots\cdots(85)$$

注記 回転子の磁極の停止位置によって，リアクタンスの値は変化する。通常，測定したリアクタンスの最小値が直軸リアクタンス分に，また，最大値が横軸リアクタンス分に相当するので，式(83)においては負の符号を，式(84)においては正の符号をとる。しかし，同期機の構造によっては，最大値が直軸リアクタンス分に，また，最小値が横軸リアクタンスに相当することがあるが，この場合には，測定したリアクタンスが最大値を示すときに界磁回路の電流も最大値を示し，式(83)は正の符号を，式(84)は負の符号をとる。

14.2.7.4.3　測定法（その3）（電圧回復法から求める方法）

この測定は，**14.2.7.3.2** による。

14.2.7.5　横軸初期過渡リアクタンス X_{q}''

14.2.7.5.1　測定法（ダルトン―カメロン法）

この測定は，**14.2.7.4.2** による。

14.2.7.6　逆相リアクタンス X_2

14.2.7.6.1　測定法（その1）（単相短絡法）

図31に示すように，電機子巻線の2端子を短絡し，短絡回路には電流計，短絡回路と開放端子との間には電圧計を接続し，同期機を定格回転速度で運転する。電流及び電圧が大きい場合には，CT及びVTを使用してもよい。

注記 この測定法における測定回路は，線間短絡の回路であるが，従来から使用されている呼称に従い"単相短絡法"と称する。

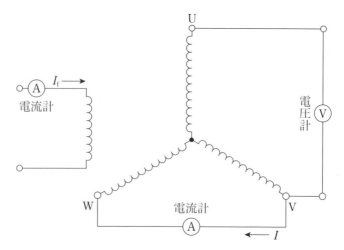

図31—逆相リアクタンスの測定回路

界磁電流 I_f を低い値から徐々に増しつつ，数点にわたり短絡電機子回路電流 I，短絡回路と開放端子との間の電圧 V を測定することで，逆相リアクタンス X_2 は，式(86)により求められる。

$$X_2 \fallingdotseq Z_2 = \frac{V}{\sqrt{3}I} \quad (\Omega) \tag{86}$$

電機子電流は，連続不平衡電流耐量（**6.4** 参照）以下にとどめ，時間もできるだけ短く速やかに測定する。

14.2.7.6.2　測定法（その2）（ダルトン—カメロン法）

この測定は，**14.2.7.4.2** による。

14.2.7.7　零相リアクタンス X_0

14.2.7.7.1　測定法（その1）（並列法）

図 **32** に示すように，電機子巻線の端子を短絡し，中性点との間に定格周波数の単相電圧を加え，電圧及び電流を測定する。同期機は，定格回転速度で運転した状態で測定しても，静止した状態で測定しても，ほとんど同じ結果が得られる。電流及び電圧が大きい場合には，CT及びVTを使用してもよい。

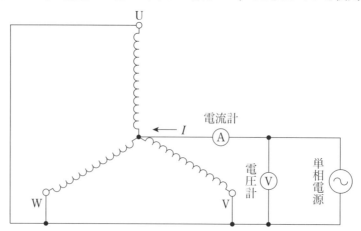

図32—零相リアクタンスの測定回路（並列法）

この場合，同期機は無励磁で，界磁巻線は開放のままでも，短絡しても，どちらでもよい。初めは少ない電流から徐々に電流を増しつつ，数点にわたって電圧及び電流を測定する。零相リアクタンス X_0 は，式(87)により求められる。

$$X_0 \fallingdotseq Z_0 = \frac{3V}{I} \quad (\Omega) \tag{87}$$

14.2.7.7.2 測定法（その2）(2相接地法)

図33に示すように，電機子巻線の2端子と中性点間とを短絡し，短絡した2端子と中性点との間には電流計，開放端子と中性点との間には電圧計を接続し，同期機を定格回転速度で運転する。電流及び電圧が大きい場合には，CT及びVTを使用してもよい。

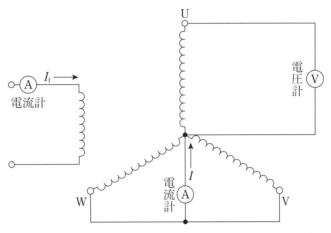

図33—零相リアクタンスの測定回路（2相接地法）

励磁電流 I_f を低い値から徐々に増しつつ，数点にわたって中性点電流 I 及び相電圧 V を測定する。零相リアクタンス X_0 は，式(88)により求められる。

$$X_0 \fallingdotseq Z_0 = \frac{V}{I} \ (\Omega) \qquad\qquad\qquad\qquad (88)$$

14.2.7.8　ポーシェリアクタンス X_p

14.2.7.8.1　測定法（その1）(無負荷飽和曲線及び零力率飽和曲線から求める方法)

無負荷飽和曲線は，**14.2.2.2** により得られる。零力率曲線は，試験される同期機（試験機）に，他の同期機（負荷機）を接続して定格回転速度で並列運転する。この状態で，試験機及び負荷機の各々の励磁を適切に調整することにより，電機子電流を一定に保って電機子電圧だけを変化させ，試験機の界磁電流と電機子電圧との関係からポーシェリアクタンス X_p を求めることができる。この試験方法は，ポーシェリアクタンス X_p の定義に基づく原理的な方法であるが，大形同期機には適用が困難である。

図34において，零力率飽和曲線上の定格電圧に相当するC点をとり，これより左方に零力率飽和曲線上の零電圧に相当する界磁電流 OC′ に等しい長さ BC をとる。ギャップ線 OG に平行に直線 AB を引き，無負荷飽和曲線と交わる点を A とする。点 A から直線 BC に垂線を描き，直線 BC と交わる点を H とすると，直線 AH がポーシェリアクタンス X_p による電圧降下に相当する。すなわち，ポーシェリアクタンス X_p は，式(89)により求められる。

$$X_p = \frac{V_p}{\sqrt{3} I_N} \ (\Omega) \qquad\qquad\qquad\qquad (89)$$

ここに，V_p：図34のAHに相当する電機子電圧（V）
　　　　I_N：定格電機子電流（A）

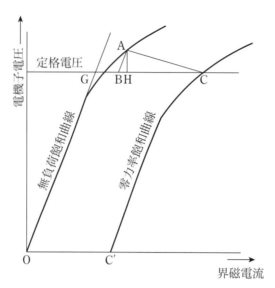

図34―零力率飽和曲線

14.2.7.8.2 測定法（その2）（回転子を抜いて測定した電機子リアクタンスを用いる方法）

ポーシェリアクタンス X_p は，式(90)により求められる。

$$X_\mathrm{p} = aX_\mathrm{a} \qquad\qquad\qquad\qquad\qquad\cdots\cdots(90)$$

ここに，X_a：回転子を抜いた状態で測定した電機子リアクタンス

a：突極形機械の場合1.0，円筒形機械の場合0.6

なお，X_a の測定は，次の方法で行う。

同期機の回転子を抜いておき，電機子に定格周波数の対称三相電圧を加え，印加電圧 V，電機子電流 I 及び入力 P_0 を測定する。このとき，X_a は，式(91)により求められる。

$$X_\mathrm{a} = \sqrt{\left(\frac{V}{\sqrt{3}I}\right)^2 - \left(\frac{P_0}{3I^2}\right)^2} \ (\Omega) \qquad\qquad\cdots\cdots(91)$$

14.2.7.9 開路時定数 T_do'

14.2.7.9.1 測定法（その1）（界磁減衰法）

同期機を無負荷定格回転速度で運転し，できるだけ定格電圧に近い電圧を誘導した状態で，界磁巻線を開閉器で突発短絡し，電機子電圧 V 及び界磁電流 I_f の変化を測定する。

図35に示すように，上下包絡線を描き，上下包絡線間の長さの $1/2\sqrt{2}$，すなわち交流電圧実効値を時間に対して描けば，図36に示すような減衰曲線が得られる。この電圧 V と持続残留電圧 V' との差を図37に示すように，縦軸だけ対数目盛として描き，減衰の激しい最初の数点を無視すれば，ほぼ直線となる減衰曲線が得られる。

図37における $(V - V')$ が，縦軸と交わる点を $(V - V')_0$ とすれば，開路時定数 T_do' は，$(V - V')$ が $(V - V')_0$ の36.8％まで下がるのに要する時間である。

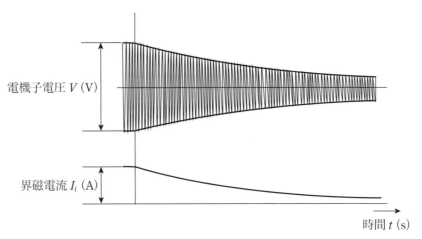

図35—界磁減衰法の減衰特性

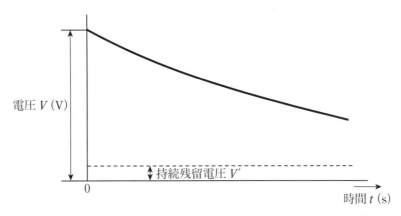

図36—界磁減衰法における電機子電圧実効値の変化

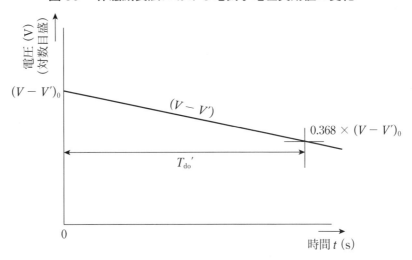

図37—開路時定数

注記 なお，基準巻線温度 θ_s（**10.5** 参照）における開路時定数 T_{do}' を求める場合は，式(92)による。

$$T_{do}' = T_{dot}' \frac{T + \theta_t}{T + \theta_s} \quad \cdots\cdots(92)$$

ここに，T_{dot}'：開路時定数の測定値（s）

θ_t：測定時の界磁巻線温度（℃）

T：材料によって決まる定数（**14.2.2.1** 参照）

14.2.7.9.2　測定法（その 2）（電圧回復法から求める方法）

この測定は，**14.2.7.3.2** による。

14.2.7.10　直軸短絡過渡時定数 T_d'

14.2.7.10.1　測定法（その 1）（三相突発短絡試験から求める方法）

この測定は，**14.2.7.3.1** による。

14.2.7.10.2　測定法（その 2）（界磁電流減衰法から求める方法）

同期機の電機子端子を三相短絡し，定格回転速度で運転した状態で定格電流を流す。この状態で，突然界磁回路を短絡し，そのときの単相の電機子電流及び界磁電圧を測定する。

得られた電機子電流と残留電圧による電流との差を片対数目盛に描き，**14.2.7.9.1** と同様の解析により，直軸短絡過渡時定数 T_d' が求められる。

14.2.7.11　直軸短絡初期過渡時定数 T_d''

14.2.7.11.1　測定法（三相突発短絡試験から求める方法）

この測定は，**14.2.7.3.1** による。

14.2.7.12　電機子時定数 T_a

14.2.7.12.1　測定法（三相突発短絡試験から求める方法）

14.2.7.3.1 で求めた図 26 の各相短絡電流の直流分 I_{Ud}，I_{Vd} 及び I_{Wd} を縦軸だけ対数目盛として描くと，図 38 に示すようになり，これより短絡瞬時値 I_{U0}，I_{V0} 及び I_{W0} を得る。

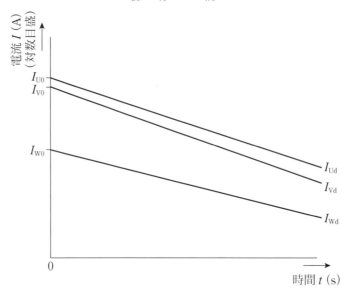

図 38—突発短絡電流の直流分減衰特性

この I_{Ud}，I_{Vd} 及び I_{Wd} がそれぞれ I_{U0}，I_{V0} 及び I_{W0} の 36.8 ％まで減衰するのに要する時間の平均値が，電機子時定数 T_a である。

注記　ある 1 相の短絡瞬時の直流分が他の 2 相に比較して極めて小さいとき，測定値に大きな誤差を伴うことが多く，この結果，その 1 相の時定数が他の 2 相に比べてかけ離れた値を示すことがある。このような場合，他の 2 相の平均値を電機子時定数 T_a とするのが望ましい。

14.2.7.13　短絡比 K_c

14.2.7.13.1　測定法

無負荷飽和曲線及び三相短絡特性曲線から，短絡比 K_c は，式(93)により求められる（**図 24** 参照）。

$$K_\mathrm{c} = \frac{I_\mathrm{fo}}{I_\mathrm{f2}} \qquad\qquad\cdots\cdots(93)$$

ここに，I_f0：無負荷定格電圧時の界磁電流（A）

I_f2：三相短絡特性曲線上の定格電機子電流に相当する界磁電流（A）

14.2.7.14 慣性モーメント J

14.2.7.14.1 測定法（その1）(減速法)

同期機を無励磁で定格回転速度より約5％高い速度まで加速し，駆動入力を遮断して減速させる。なお，この測定は，**14.2.5.2.4** による。

駆動入力を遮断した瞬間より，時間と速度との関係を記録して描くと，**図39** のようになる。これより，慣性モーメント J は，式(94)により求められる。

$$J = \frac{W(t_2 - t_1)}{5.48 \times (n_1{}^2 - n_2{}^2)} \times 10^6 \ (\mathrm{kg\cdot m^2}) \qquad\qquad\cdots\cdots(94)$$

ここに，W：定格回転速度における機械損（kW）

n_0：定格回転速度（min^{-1}）

n_1：t_1 における回転速度（min^{-1}）

n_2：t_2 における回転速度（min^{-1}）

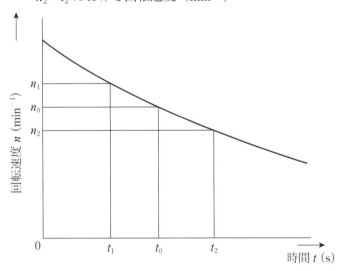

図 39—同期機の減衰特性

14.2.7.14.2 測定法（その2）(負荷遮断法)

同期機を発電機として運転し，調速機を除外して負荷を定格の10～20％に固定する。

また，力率はできるだけ100％とし，試験中，界磁電圧は変化しないようにする。

この状態で負荷遮断を行い，回転速度が定格の7％から10％へ上昇した時点で調速機を動作させる。このときの回転速度を測定し，負荷遮断直後の回転速度の上昇率を求める。

同期機及び駆動装置全体の慣性モーメント J は，式(95)により求められる。

$$J = \frac{1}{10.97} \times \frac{\Delta n}{\Delta t} \times \frac{P}{n_0} \times 10^6 \ (\mathrm{kg\cdot m^2}) \qquad\qquad\cdots\cdots(95)$$

ここに，$\dfrac{\Delta n}{\Delta t}$：負荷遮断後の回転速度の上昇率（$\mathrm{min}^{-1}/\mathrm{s}$）

P：負荷遮断直前の発電機出力（kW）

n_0：定格回転速度（$\min^{-1}$）

なお，この試験方法の測定精度は，あまり高くない。

14.2.8 特殊試験

14.2.8.1 短絡電流強度試験

同期機を定格回転速度で無負荷運転し，定格電圧で三相突発短絡試験を行う。その後，巻線の変形又はその他の異常の有無を検査する。

受渡当事者間の協定に基づき，同期機と電力系統との間に設置される変圧器のインピーダンスを考慮して，試験電圧を減ずることもできる。電気回路の短絡は，3秒間維持する。

試験後，有害な変形の発生がなく，かつ，この規格で規定する耐電圧試験に耐えれば，合格とみなす。

14.2.8.2 過速度試験

同期機を**表18**に定められた回転速度において，2分間無負荷運転したのち，変形又はその他の異常の有無を検査する。

過速度試験後，いかなる異常な永久変形もなく，通常の運転を妨げるいかなる欠陥も検出されず，また，回転子巻線は，この規格で規定する耐電圧試験に耐えるものでなければならない。

> **注記** 過速度試験後，積層回転子のリム，及びくさび又はボルトで保持されている積層磁極の径が，微少に永久的に増加するが，これをもってその同期機の正常な運転ができない異常な変形とはみなさない。

14.2.8.3 往復機械駆動用同期電動機の電機子電流脈動率

電機子電流脈動率は，定格負荷時における電機子電流の波形の包絡線を測定し，その最大値と最小値との差を，定格値（定格負荷状態）に対する比で表す。

15 表示事項

15.1 定格銘板

すべての同期機には，読みやすく，耐久性があり，次の事項を記載した定格銘板を取り付けなければならない。

次の事項は，必ずしも同一銘板上になくてもよい。銘板は，できるだけ同期機の見やすい箇所に取付けなければならない。

3 kW以下の特定用途若しくはビルトインの同期機，又は750 W以下の同期機においては，次の項目中最低限 **b)**, **c)**, **i)**, **l)** を銘板に記載し，これ以外を省略することができる。

なお，通常のメンテナンスの範囲を超えて同期機が修理又は更新された場合には，修理又は更新を施した製造者，実施年及び変更内容を記載した銘板を追加しなければならない。

a) 同期機の名称　3.1で定めた同期機の種類（**例**　同期発電機），又は受渡当事者間の協定により定められた名称とする。
b) 製造者名
c) 製造番号　製造番号と同じ意味をもつ記号でもよい。
d) 製造年
e) 形式　製造者が定めた形式名
f) 保護方式の記号
g) 冷却方式の記号　水素冷却の場合は，定格水素圧力を併記する。
h) 定格出力又は定格容量

i) 定格電圧

j) 定格電流

k) 定格回転速度又は速度範囲　単位は min^{-1} とし，r/min を用いてもよい。

l) 定格周波数又は周波数範囲，及び相数

m) 定格の種類　連続定格（S1）の場合は，省略してもよい。その他の場合は，**JEC-2100 14.1 (14)** による。

n) 絶縁の耐熱クラス又は温度上昇限度

o) 適用規格の番号及び発行年　準拠した標準規格の番号及び発行年を表示する。

p) 定格力率　同期調相機の場合は表示しない。

q) 定格界磁電圧及び定格界磁電流

以下の項目については，各条件に従い表示項目を選択する。

r) 基準冷媒　一次冷媒の場合は，省略してもよい。

s) 基準冷媒の最高温度　基準冷媒の最高温度が 40 ℃の場合，又は基準冷媒が二次冷媒（水）であり，その最高水温が 25 ℃の場合は，省略してもよい。

　　　ガスタービン発電機で，注文者より要求のある場合には，定格出力を規定する冷媒温度を併記する。

t) 基準冷媒の最低温度　**JEC-2100 4.2.2** に適合する場合は，省略してもよい。

u) 最高使用出力　現地運転条件範囲での最高出力を示し，その時の冷媒温度を併記する。ただし，注文者より要求があった場合のみ表示する。

v) 定格ピーク出力　注文者より要求があった場合のみ表示する。冷媒温度を併記する。

w) 過速度　**表 18** の規定に適合する場合は，省略してもよい。

x) 標高　1 000 m 以下の場合は，省略してもよい。1 000 m を超える場合は，その標高を表示する。

y) 概略質量　指定された場合のみ記載する。また 30 kg 以下の場合は，省略してもよい。

z) 回転方向の表示　一方向の回転しか許容していない同期機には，その回転方向を同期機の見やすい箇所に矢印で表示しなければならない。

一つの記載事項に 2 種類以上の定格値がある場合，又は定格値に範囲がある場合は，これらを定格銘板に記載するとともに，他の記載事項の定格値又は定格値の範囲との対応を明示する。

15.2　端子記号

15.2.1　端子記号の位置

同期機の端子には，その接続を容易にするため，各端子上又は端子に極めて接近した箇所に，適切な方法で端子記号を表示しなければならない。

15.2.2　同期機端子記号表示の原則

界磁巻線には，F1，F2 を用い，F1 は正，F2 は負とする。

電機子巻線の線路側端子には，単相のときには U，V，三相のときには相順に従い U，V，W とする。三相巻線で各相の中性点側端子を引き出した場合は，その両端に添字 1，2 をつける。1 相の巻線を 2 つ以上に区分する場合は，第 1 巻線要素の添字として 1，2 を，第 2 巻線要素の添字として 3，4 を，第 3 巻線要素以降の添字として 5，6，7，8…をつける。添字の数字の順序は，星形結線のときはいずれも線路側端子から中性点側に進み，三角結線のときは次の相に進む。

中性点の端子記号は，N とする。

単相同期機端子記号の例を**図 40** に，三相同期機端子記号の例を**図 41** に示す。

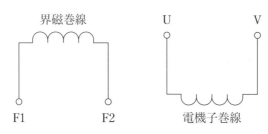

図40—単相同期機端子記号の例

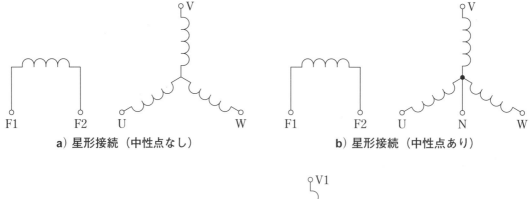

a) 星形接続（中性点なし）　　　　　b) 星形接続（中性点あり）

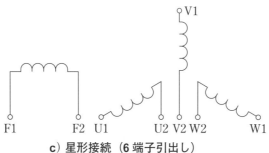

c) 星形接続（6端子引出し）

図41—三相同期機端子記号の例

15.3　接続銘板

同期機が数個の巻線を有する場合，又は他の機器若しくは装置と組み合わせて使用するような場合，端子記号のみでは接続が明らかでないときは，接続銘板をつけて接続方法を明らかにしなければならない。

接続銘板の例を，図42に示す。

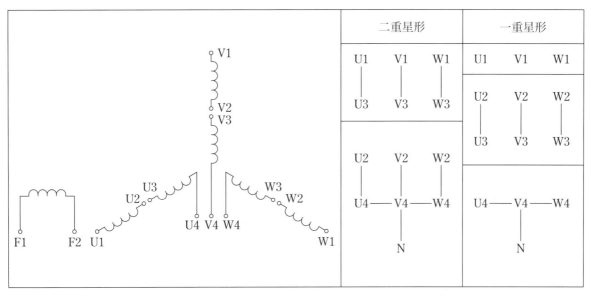

図42—接続銘板の例(星形接続,並列直列切換形)

附属書 A
（規定）
励磁装置

A.1 励磁装置の適用範囲

この附属書は，同期機に使用される励磁装置に共通な一般標準事項について規定し，同期機に直流の界磁電流を供給する電源装置に適用する。

励磁装置は，種々の機器から構成されているため，この規格で規定されていない各機器単体の規定については，それぞれの機器の規格を準用するのが望ましい。

A.2 励磁装置の種類

励磁装置は，その電源が回転機か静止器かの区分，使用される半導体電力変換器の種類及び制御方式により，主に次のように分類される（**表 A.1** 及び**図 A.1** 参照）。

a) **直流励磁機方式** 励磁装置の電源に直流発電機を用いる方式。この直流発電機を直流励磁機という。
b) **交流励磁機方式** 励磁装置の電源に交流発電機を用い，半導体電力変換器と組み合わせて構成される方式。この交流発電機を交流励磁機という。

交流励磁機方式の中で，同期機と同一回転軸上に回転電機子形発電機と半導体電力変換器とを取り付け，スリップリングを経由せず直接同期機の界磁巻線に電流を供給する方式を，一般にブラシレス励磁方式という。

交流励磁機方式は，交流励磁機の界磁巻線に供給する電源によりさらに他励，自励又は分巻に分類される。他励交流励磁機方式とは，同期機又は交流励磁機の出力以外の電源から交流励磁機に界磁電流を供給する方式である。

自励又は分巻交流励磁機方式とは，発電機又は交流励磁機の出力を交流励磁機の界磁電流として使用する方式である。

表 A.1—励磁方式の種類

励磁方式	励磁装置の主要構成機器				名称	代表的構成図
	電源機器とその分類			バルブデバイス		
回転形励磁方式	直流励磁機方式	直流発電機		—	直流励磁機方式	図 A.1 a)
	交流励磁機方式	同期発電機	回転電機子形	他励	ダイオード	他励ブラシレス励磁方式	図 A.1 b)
				自励		自励ブラシレス励磁方式	図 A.1 c)
			回転界磁形	他励		他励交流励磁機方式	図 A.1 d)
				分巻		分巻交流励磁機方式	図 A.1 e)
静止形励磁方式		変圧器		サイリスタ	サイリスタ励磁方式（均一ブリッジ形）	図 A.1 f)
				サイリスタ及びダイオード	サイリスタ励磁方式（混合ブリッジ形）	図 A.1 g)
		変圧器と変流器		サイリスタ及びダイオード	複巻サイリスタ励磁方式	図 A.1 h)

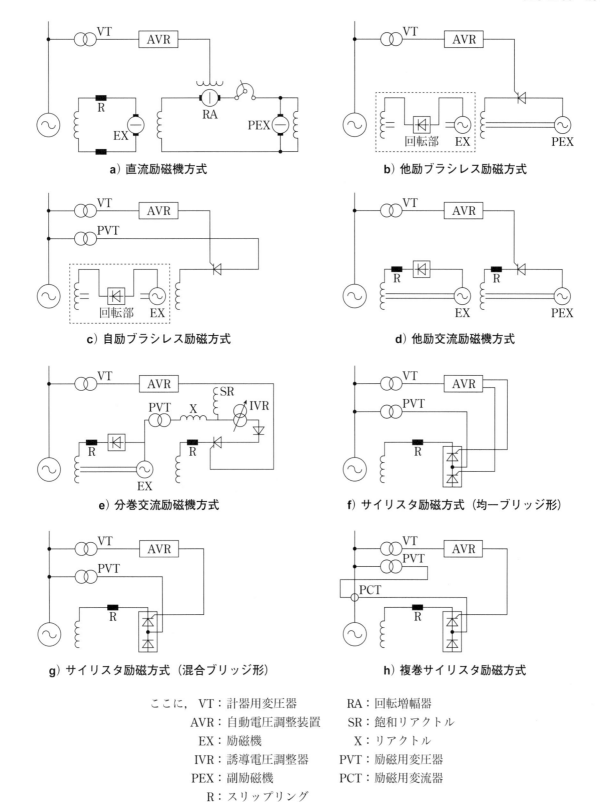

図 A.1—励磁回路構成図の代表例

c) **静止形励磁方式** 励磁装置が励磁用変圧器又は励磁用変流器及び半導体電力変換器とで構成される方式。半導体電力変換器にサイリスタを使用して励磁装置が構成される方式を一般にサイリスタ励磁方式という。

サイリスタ励磁方式は，バルブデバイスの構成によりさらに均一ブリッジ形又は混合ブリッジ形に分類される。均一ブリッジ形は，バルブデバイスにサイリスタだけが使用され，混合ブリッジ形は，サイリスタとダイオードとが組み合わされて使用される。複巻特性を有する方式もある。

A.3 励磁装置の用語及び定義
この附属書で用いる主な用語及び定義は，次による。

A.3.1 定格

A.3.1.1
励磁装置定格電流，I_{EN}

励磁装置が連続して供給可能な出力電流をいい，同期機が規定運転条件範囲内で運転するときに要求される最大の界磁電流を下回らない電流。

注記1　規定運転条件範囲とは，同期機に要求される負荷，回転速度，電圧及び周波数の変動範囲での運転状態をいう。

注記2　2種類以上の定格をもつ同期機の励磁装置の定格電流は，同期機の各定格に対応する最大の界磁電流を下回らない電流とする。

A.3.1.2
励磁装置定格電圧，V_{EN}

励磁装置の出力電圧をいい，その値は励磁装置定格電流と同期機の界磁巻線抵抗値との積を下回らない電圧。

注記1　界磁巻線抵抗値は，同期機の定格負荷状態における界磁巻線温度の値を用いる。

注記2　2種類以上の定格をもつ同期機の励磁装置の定格電圧は，同期機の各定格に対応する最大の界磁電圧を下回らない電圧とする。

A.3.1.3
励磁装置の定格出力

励磁装置定格電圧と励磁装置定格電流との積。

注記　単位は，ワット（W）又はキロワット（kW）で表す。

A.3.2 一般

A.3.2.1
定格界磁電流，I_{fN}

同期機が定格運転状態にあるときに，同期機の界磁巻線を流れる直流電流。

A.3.2.2
定格界磁電圧，V_{fN}

同期機が定格運転状態にあるときの，同期機の界磁巻線の直流電圧。

注記　界磁巻線抵抗は，最高冷媒温度での定格運転状態における界磁巻線温度での値を使用する。使用の種類（**JEC-2130 3.1** 参照）が連続でない場合は，反復運転における界磁巻線の最高温度での値を使用する。

A.3.2.3
無負荷定格電圧時の界磁電流，I_{f0}

無負荷，定格回転速度の状態で，同期機に定格電圧を発生したときの同期機の界磁巻線を流れる直流電流（図 **A.2** 参照）。

A.3.2.4
無負荷定格電圧時の界磁電圧,V_{f0}

界磁巻線が25 ℃の状態で,無負荷定格電圧時の界磁電流 I_{f0} を流したときの同期機の界磁巻線の直流電圧。

A.3.2.5
無負荷定格電圧時のギャップ線上の界磁電流,I_{f0g}

同期機が無負荷,定格回転速度の状態で,ギャップ線上にて理論的に定格電圧を発生したときの同期機の界磁巻線を流れる直流電流(図 A.2 参照)。

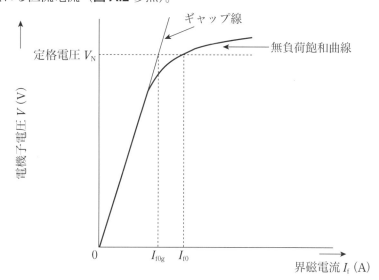

図 A.2―同期機無負荷飽和曲線

A.3.2.6
無負荷定格電圧時のギャップ線上の界磁電圧,V_{f0g}

界磁巻線抵抗が V_{fN}/I_{fN} に等しいときに,ギャップ線上の界磁電流を流すために必要とされる同期機の界磁巻線の直流電圧。

A3.2.7
頂上電圧,V_p

定義された条件において励磁装置が供給可能な最大直流電圧。

- 注記1　頂上電圧の特性試験については,A.8.5 による。
- 注記2　同期機電機子電圧及び電流からその励磁電源を供給される励磁装置に対しては,電力系統のじょう乱の影響並びに励磁装置及び同期機の設計パラメータが,励磁装置の出力に影響を与える。このようなシステムにおいては,頂上電圧は適当な電圧降下及び/又は電流増加を考慮して決定される場合がある。
- 注記3　回転形励磁方式において,頂上電圧は励磁機の定格回転速度において定義される。
- 注記4　単に頂上電圧という場合は,負荷時の頂上電圧を示す(A.3.2.9 参照)。

A.3.2.8
無負荷時の頂上電圧,V_{p0}

同期機が無負荷定格電圧で運転している状態で,励磁装置が供給可能な最大直流電圧。

A.3.2.9
負荷時の頂上電圧，V_{pL}

同期機が定格負荷で運転している状態で，励磁装置が供給可能な最大直流電圧。

A.3.3 励磁装置の制御機能

A.3.3.1
自動電圧調整装置，AVR（Automatic Voltage Regulator）

同期機の電機子電圧と電圧設定値とを比較して，その偏差に従って励磁装置の出力を制御して，同期機の電機子電圧を電圧設定値に一致させるための電圧一定制御機能を主とした励磁制御装置。

 注記 A.3.3.2 から A.3.3.9 に示す機能又は装置が本装置に含まれる場合がある。

A.3.3.2
界磁一定制御機能

界磁電流又は界磁電圧とその設定値とを比較し，設定値に一致するように界磁電流又は界磁電圧を一定に制御する機能。

A.3.3.3
負荷電流補償機能，LCC（Load Current Compensator）

同期機端子以外の点における電圧を制御するために AVR の動作に影響を与える機能。

 注記 外部インピーダンスによる線路電圧降下を補償する機能（線路電圧降下補償機能，LDC，Line Drop Compensator），同期機が複数台並列運転されている場合の横流を補償する機能（横流補償機能，CCC，Cross Current Compensator）などがある。

A.3.3.4
過励磁制限機能，OEL（Over Excitation Limiter）

同期機の界磁耐量を超えないように，同期機の界磁電流を制限する機能。

A.3.3.5
不足励磁制限機能，UEL（Under Excitation Limiter）又は MEL（Minimum Excitation Limiter）

同期機の進相運転耐量（同期機固定子鉄心の端部過熱）及び安定度限界を超えないように，同期機の界磁電流を制限する機能。

A.3.3.6
V/f 制限機能，V/FL，VPFL，VFL（Voltage per Frequency Limiter）

同期機の周波数が設定値以下に低下した場合，同期機及び変圧器の過励磁を防止する目的で，周波数の低下に比例して同期機電機子電圧を低下させるように動作する機能。

A.3.3.7
自動無効電力制御機能，AQR（Automatic Reactive Power Regulator）

同期機の界磁電流を調整して，同期機の無効電力をあらかじめ設定した値に自動的に制御する機能。

A.3.3.8
自動力率制御機能，APFR（Automatic Power Factor Regulator）

同期機の界磁電流を調整して，同期機の力率をあらかじめ設定した値に自動的に制御する機能。

A.3.3.9
電力系統安定化装置，PSS（Power System Stabilizer）

同期機の電力動揺を抑制，安定化するための信号を AVR に加える装置。

 注記 PSS の入力信号には，有効電力，同期機回転速度，周波数などを単独又は組み合わせて使用

する。

A.4 励磁装置に対する要求事項
A.4.1 短時間過電流耐量
同期機が定格負荷状態のもとで，その電機子端子において突然短絡を生じ，界磁回路に過電流が流れても励磁装置は特に支障があってはならない。また，同期機電機子端子の電圧降下などの場合の励磁装置本来の制御動作により過大な界磁電流が流れるとき，式 (A.1) による界磁巻線の短時間過電流耐量の値まで耐えなければならない（**11.3.2.3** 参照）。

$$(I^2 - 1)t = 33.75 \quad\quad\quad\quad\quad\quad\quad\quad\quad\quad\quad\text{(A.1)}$$

ここに，I：界磁巻線の許容電流（p.u.）

1 p.u. は，定格界磁電流 I_{fN}

t：時間（s）

ただし，式 (A.1) は，t が 10 秒から 60 秒の間で適用されるものとし，その範囲内の 3 点は**表 A.2** による。

表 A.2—短時間過電流耐量

時間	s	10	30	60
界磁巻線の許容電流	p.u.	2.09	1.46	1.25

A.4.2 過電圧耐力
同期機が短絡，地絡，同期はずれなどを起こして，界磁回路に過電圧が誘導されても特に支障があってはならない。

A.4.3 過速度耐力
励磁装置のうち，同期機の回転子と連結される部分は，同期機の種類により**表 18** に示す回転速度に 2 分間耐える構造でなければならない。

A.5 励磁装置の温度上昇
A.5.1 冷媒温度
冷媒温度は，次による。

a) 回転形励磁方式の回転機の冷媒温度については，**JEC-2100 8.3** による。

b) 半導体電力変換器の冷媒温度については，次による。

　1) 空気及び気体の冷媒温度は，励磁装置への冷媒取入口から外側 50 mm の複数の点で計測した温度の平均値とする。

　2) 液体の冷媒温度は，冷却用液体の取入口から上流側 100 mm の液体パイプ内で計測した温度とする。

A.5.2 温度上昇限度
励磁装置の温度上昇は，次のいずれかによる。

a) 励磁装置単体に定格が定められているときは，励磁装置を定格状態に保ったときの温度上昇とする。ただし，受渡当事者間の協定により，同期機を定格負荷状態に保ったときの温度上昇としてもよい。

b) 励磁装置単体に定格が定められていないときは，同期機を定格負荷状態に保ったときの温度上昇とする。

励磁装置の温度上昇限度は，励磁装置を構成する各機器の規格の規定による。

A.5.3 温度試験
励磁装置の温度試験のための方法は，次のいずれかによる。

a) **励磁装置単体で試験を行う方法**　励磁装置を定格状態にして試験を行う。ただし，励磁装置の出力電流及び出力電圧が，同期機の定格負荷状態における界磁電流及び界磁電圧に一致するような運転状態で試験を行ってもよい。同時に電圧及び電流を一致させることができないときは，電圧及び電流を個々に一致させて試験を実施してもよい。その試験方法は，励磁装置を構成する各機器の規格の規定による。

b) **同期機と組み合わせて試験を行う方法**　同期機と接続して，同期機を定格負荷状態に保って温度試験を行う方法である。同期機を定格負荷状態に保てないときは，励磁装置の出力電流が同期機の定格負荷状態における界磁電流値に保てるよう励磁を調整し，試験を行う。同期機の定格負荷状態における界磁電流値に保てないときは，受渡当事者間の協定による。

　温度試験は，各部の温度を試験中及び前後を通じ1時間以下の適当な間隔ごとに測定し，励磁装置各部の最も高温と考えられる部分の最終到達温度上昇を確認する。

A.6　励磁装置の耐電圧試験

A.6.1　一般

　励磁装置の耐電圧試験は，同期機の界磁巻線に直接接続される機器とその回路，界磁巻線に直接接続されない機器とその回路，及び同期機の電機子端子に接続される機器とその回路の各部に分けて行い，それぞれの耐電圧試験に合格しなければならない。

　耐電圧試験は繰り返してはならない。ただし，注文者の要求により，2回目の試験をしなければならない場合は，乾燥させた後，規定電圧の80％の電圧で実施するものとする。その適用について疑義を生じたときは受渡当事者間の協定による。

A.6.2　耐電圧試験を行うときの励磁装置の状態

　耐電圧試験は，組立を完了した新しい励磁装置に対し，特に指定のない限り製造工場において行う。ただし，製造工場において組立を行わない励磁装置の耐電圧試験については，受渡当事者間の協定による。また，電圧印加されてない他の回路，周囲の構造物，試験器具などは十分に接地しておかなければならない。

　励磁装置の回転機の温度上昇試験を行う場合には，耐電圧試験は，温度上昇試験後に行う。

　励磁装置の回転機の耐電圧試験は，絶縁抵抗を測定し，その値が適当と認められたのち，引き続き行うものとする。

　半導体電力変換器のバルブデバイスの冷却として水を用いる場合，耐電圧試験は，水ありの場合と水なしの場合とに分けて実施する。

A.6.3　試験電圧

　耐電圧試験には，試験を行う場所における商用周波数のできるだけ正弦波に近い交流電圧を用い，試験電圧は次のいずれかによる。ただし，受渡当事者間の協定のもとに交流試験電圧の1.7倍の直流電圧で試験してもよい。試験区分については，**図A.3**による。

a) **同期機の界磁巻線に直接接続される機器及びその回路（試験区分Ⅰ）**　試験電圧は，**表A.3**による。

83
JEC-2130：2016

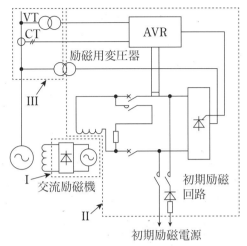

a) 自励ブラシレス励磁方式

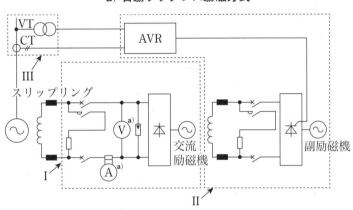

b) 交流励磁機方式

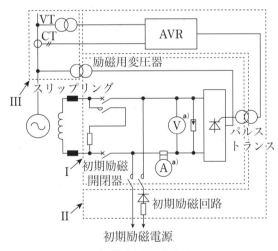

c) 静止形励磁方式

注記　矢印で示したⅠ，Ⅱ，Ⅲは，**A.6.3** で細別した試験区分を示す。
注 [a]　計器類の取り扱いは，受渡当事者間の協定による。

図 A.3—耐電圧試験における試験区分の代表例

表 A.3—交流試験電圧

単位　V

区分		試験電圧（実効値）
誘導電動機として始動しない場合	$V_{EN}{}^{a)} \leq 500$	$10V_{EN}$（最低 1 500）
	$V_{EN} > 500$	$2V_{EN} + 4 000$
誘導電動機として始動する場合	界磁巻線を短絡又は界磁巻線抵抗値の 10 倍未満の抵抗値を接続して始動する場合	$10V_{EN}$ （最低 1 500，最高 3 500）
	界磁巻線を開路又は界磁巻線抵抗値の 10 倍以上の抵抗値を接続して始動する場合	$2V_{fi}{}^{b)} + 1 000$ （最低 1 500）
注 a) V_{EN} は，励磁装置定格電圧（V）とする。ただし，受渡当事者間の協定により定格界磁電圧 V_{fN} としてもよい。		
注 b) V_{fi} は，規定始動条件のもとに界磁巻線の端子間に生じる最大電圧又は区分された界磁巻線の各区分間に生じる最大電圧の実効値（V）とする。		

b) 同期機の界磁巻線に直接接続されない機器及びその回路（試験区分Ⅱ）　試験電圧は，次による。

$$2V_Z + 1 000 \text{（V）}　（最低 1 500 V）$$

ここに，V_Z：機器の定格電圧の実効値（V）

なお，注文者が最低電圧を 1 500 V 以上に指定したいときは，あらかじめ製造者に対しその値を指示しなければならない。

c) 同期機の電機子端子に接続される機器及びその回路（試験区分Ⅲ）　試験電圧は，個々の機器の関連規格による。

A.6.4　試験時間

試験は試験電圧の 1/2 以下の電圧から始め，連続的に又は規定電圧の 5 % 以下の電圧でのステップ状変化を繰り返して規定電圧まで昇圧する。1/2 電圧から規定電圧までの昇圧時間は 10 秒以上とする。規定電圧に達してから，1 分間その値を保持する。

A.7　励磁装置の損失

A.7.1　一般

同期機の定格負荷状態における励磁装置の有効入力と有効出力との差を，励磁装置の損失という。励磁装置の損失は，各構成機器の入力及び出力を，実測又は計算で求めて算出した損失の総和であり，ワット（W）又はキロワット（kW）で表す。

A.7.2　損失算定の条件

A.7.2.1　温度

励磁装置の損失は，各機器の基準温度に対して算定する。各機器の基準温度は，次による。

a) 回転機の場合，基準巻線温度は，**表 13** による。

b) 静止器の場合，基準温度は，各機器の規格の規定による。

A.7.2.2　電圧及び周波数

励磁装置の損失は，励磁装置の電源が定格電圧及び定格周波数（又は定格回転速度）の場合について定める。

A.7.3　励磁装置の損失の範囲

A.7.3.1　回転形励磁方式の損失

回転形励磁方式の損失として含める範囲は，次による。

a) 主機から機械的に駆動される励磁機のすべての損失及びこの励磁機の調整器の損失を含める。ただし，

主機から分離困難な直結励磁機の軸受摩擦損及び風損は，主機の固定損に含める。

注記 調整器には誘導電圧調整器（IVR）などがある。

b) 回転整流器，及びギア，ロープ，ベルト又は軸と励磁機間の同様な駆動装置の損失を含める。
c) 変圧器を介して入力を得る励磁装置は，そのすべての損失を含める。
d) 別置きの励磁電源（電池，整流器，電動発電機など）の損失，及びその電源とブラシとの間のリード線の損失を含める。

A.7.3.2　静止形励磁方式の損失

静止形励磁方式の損失として含める範囲は，次による。

a) 静止形励磁装置の損失，励磁用変圧器の損失，及び励磁用変圧器から静止形励磁装置までの損失を含める。
b) 静止形励磁装置と同期機回転子のブラシとの間の導体の損失を含める。
c) 別置きの励磁電源（電池，整流器，電動発電機など）の損失，及びその電源とブラシとの間のリード線の損失を含める。

A.7.3.3　損失として含めない範囲

AVR の損失は含めない。

A.7.4　損失の求め方

損失の求め方は，次による。

a) 回転機の場合，直接負荷損及び界磁巻線の抵抗損については計算で求めて，無負荷鉄損及び漂遊負荷損については実測する。ただし，実測できない場合は計算で求めてもよい。
b) 静止器の場合，損失の求め方は，各機器の規格の規定による。

A.8　励磁装置の特性試験

A.8.1　一般

励磁装置の特性試験については，**A.8.2 ～ A.8.9** による。

試験は，励磁装置を構成する各機器が各々の規格の規定を満足することを確認した後に行う。また，試験の実施にあたっては，受渡当事者間の協定により試験項目を決定する。

A.8.2　電圧調整範囲

A.8.2.1　一般

同期機を発電機として無負荷定格回転速度で運転し，AVR の電圧一定制御機能を除外した状態で安定に変化させることのできる発電機電機子電圧の調整可能範囲を，電圧調整範囲という。

A.8.2.2　測定法

AVR の電圧一定制御機能を除外した状態で，励磁装置の界磁一定制御機能により手動にて調整することにより，安定に変化させることのできる発電機電機子電圧の調整可能範囲を確認する。

A.8.3　電圧設定範囲

A.8.3.1　一般

同期機を発電機として無負荷定格回転速度で運転し，AVR の電圧一定制御機能を使用した状態で安定に変化させることのできる発電機電機子電圧の設定可能範囲を，電圧設定範囲という。

A.8.3.2　測定法

AVR の電圧一定制御機能を使用した状態で，AVR の電圧設定器を操作することにより，安定に変化させることのできる発電機電機子電圧の設定可能範囲を確認する。

A.8.4 励磁系電圧速応度 V_E

A.8.4.1 一般

同期機が定格負荷で運転している状態で,同期機の電機子電圧が突然大きく低下するのと等価な変化をAVRに与え,変化を与えた瞬時から0.5秒間に得られる励磁装置の等価電圧変化 ΔV_E を,0.5秒及び定格界磁電圧 V_{fN} で除した値を励磁系電圧速応度 V_E といい,式(A.2)による(図A.4参照)。

$$V_E = \frac{\Delta V_E}{0.5 \times V_{fN}} \text{ (s}^{-1}\text{)} \quad\quad\quad\quad\quad\quad\quad\quad\quad\quad (A.2)$$

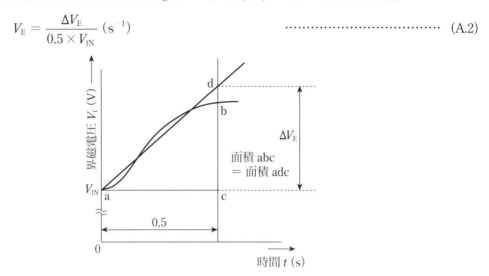

図A.4—励磁系電圧速応度特性

A.8.4.2 測定法

測定法は,次による。

a) 励磁装置内に存在する回転機は,すべて定格回転速度で運転する。

b) AVRに与える変動の大きさは,同期機の電機子電圧が定格電圧から20%降下するときと等価な変動をAVRに与える。

c) 励磁系電圧速応度を定義する時間は,0.5秒間とする。

d) 図A.4に示すような界磁電圧の応答波形をとり,応答波形abcの面積と三角形adcの面積とが等しくなるd点を求め,式(A.2)に代入して励磁系電圧速応度を算出する。

e) 複巻励磁方式の場合には,同期機の定格負荷状態から,使用者があらかじめ指定した負荷条件に合致するような外乱を突然に同期機に与える。

注記1 同期機端子から励磁電源を得る励磁方式の場合は,電力系統における短絡故障により励磁装置出力電圧に著しい影響を与えるため,この励磁方式に励磁系電圧速応度の定義を用いることは適当でなく,むしろ頂上電圧及び励磁系電圧応答時間を用いて励磁系を評価するのがよい。

注記2 回転形励磁方式の場合,受渡当事者間の協定によって励磁機の試験データから式(A.3)を適用して計算により算出してもよい。

$$V_f = \frac{K \cdot V_{ef} \cdot (1 - e^{-t/T_{doe}'})}{r_{ef}} \text{ (V)} \quad\quad\quad\quad\quad\quad\quad (A.3)$$

ここに,V_f:励磁機出力電圧(V)

K:発電機の定格出力運転時に相当する状態での励磁機出力電圧をその時の励磁機界磁電流で除した値(Ω)

V_{ef}:励磁機界磁に連続的に印加できる最大電圧(V)

t:変化を与えた瞬間からの時間(s)

T_{doe}'：励磁機の開路時定数，又は励磁機の発電機界磁回路に接続された状態での時定数（s）

r_{ef}：同期機定格運転時の励磁機界磁巻線抵抗（Ω）

A.8.5 頂上電圧 V_p

A.8.5.1 一般

同期機が定格負荷で運転している状態で，励磁装置出力電圧が頂上電圧に十分に達するだけの変化を生じるのと等価な変動を突然にAVRに加え，励磁装置として達し得る励磁装置出力電圧の直流（平均値）の最大値を頂上電圧 V_p という。

注記　特性試験の対象ではないが，頂上電圧の概念を明確化するために，公称頂上電圧 V_{pn} について解説する。

同期機が定格負荷で運転している状態で，励磁装置の制御動作により増加した励磁装置出力電流が，最大電流値 I_{fm} に達したときの励磁装置出力電圧を公称頂上電圧 V_{pn} という（**図 A.5 a**）参照）。なお，励磁装置出力電流が同期機界磁巻線の許容電流値を超えないように制限するための制限装置を備えた励磁装置において，この制限動作により励磁装置出力電流の増加が制限されたときは，このときの電流値を最大電流値 I_{fm} とし，それに達したときの励磁装置出力電圧を公称頂上電圧 V_{pn} という（**図 A.5 b**）参照）。

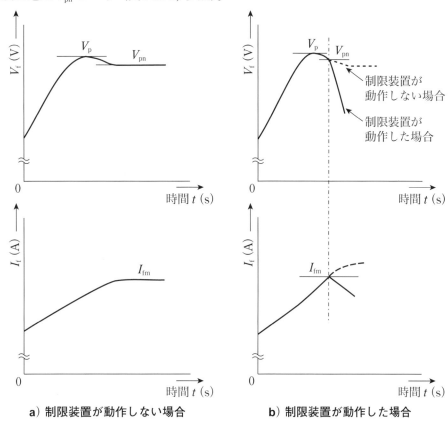

a）制限装置が動作しない場合　　b）制限装置が動作した場合

ここに，V_p：頂上電圧（V）
V_{pn}：公称頂上電圧（V）
I_{fm}：最大電流値（A）

図 A.5—頂上電圧及び公称頂上電圧

A.8.5.2 測定法

測定法は，次による。

a) 励磁装置内に存在する回転機は，すべて定格回転速度で運転する。
b) AVRに与える変動の大きさは，同期機の電機子電圧が定格電圧から20％降下するときと等価な変動をAVRに与える。
c) 図A.5に示すような界磁電圧の応答波形をとり，直流（平均値）の最大値を頂上電圧とする。
d) 複巻励磁方式の場合には，同期機の定格負荷状態から，使用者があらかじめ指定した負荷条件に合致するような外乱を突然に同期機に与える。

　注記1 回転形励磁方式の場合，励磁機，励磁装置の試験データに基づき，励磁機飽和特性，励磁用変圧器のインピーダンス降下などを考慮して，A.8.5.1に示した条件を想定し，励磁機界磁へ連続して供給できる最大電圧を印加した場合の励磁機出力電圧を計算により算出してもよい。

　注記2 ブラシレス励磁方式のように，発電機界磁電圧を計測することが困難な場合は，算出に必要な定数として設計値を使用してもよい。

　注記3 無負荷時の頂上電圧の測定法は，これに準じて行う。

A.8.6 励磁系電圧応答時間 T_r

A.8.6.1 一般

同期機が定格負荷運転している状態で，励磁装置出力電圧が頂上電圧に十分に達するだけの変化を生じるのと等価な変動を突然に励磁装置に与え，変化を与えた瞬間から励磁装置出力電圧が頂上電圧と定格界磁電圧との差の95％だけ増加するのに要した時間を励磁系電圧応答時間 T_r といい，秒（s）で表す（図A.6参照）。

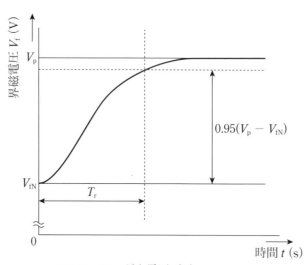

ここに，V_p：頂上電圧（V）
　　　　V_{fN}：同期機の定格界磁電圧（V）
　　　　T_r：励磁系電圧応答時間（s）

図A.6—励磁系電圧応答特性

なお，励磁系電圧応答時間が0.1秒以下の励磁系を超速応励磁と称する。

A.8.6.2 測定法

測定法は，次による。

a) 励磁装置内に存在する回転機は，すべて定格回転速度で運転する。
b) AVRに与える変動の大きさは，同期機の電機子電圧が定格電圧から20％降下するときと等価な変動

を AVR に与える。

c) 図 **A.6** に示すような界磁電圧の応答波形をとり,変化を与えた瞬間から界磁電圧が頂上電圧と定格界磁電圧との差の 95 ％だけ増加するのに要した時間を求め,励磁系電圧応答時間とする。

d) 複巻励磁方式の場合には,同期機の定格負荷状態から,使用者があらかじめ指定した負荷条件に合致するような外乱を突然に同期機に与える。

注記 1 回転形励磁方式の場合,励磁機,励磁装置の試験データに基づき,励磁機飽和特性,励磁用変圧器のインピーダンス降下などを考慮して,**A.8.6.1** に示した条件を想定し,励磁機界磁へ連続して供給できる最大電圧を印加した場合の励磁機出力電圧を計算により算出してもよい。

注記 2 ブラシレス励磁方式のように,発電機界磁電圧を計測することが困難な場合は,算出に必要な定数として設計値を使用してもよい。

A.8.7 総合電圧変動率 ΔV_{eps}

A.8.7.1 一般

AVR の電圧設定値を一定に保持した状態で,同期機を定格負荷状態から無負荷まで変化させ,かつ,原動機の回転速度変動も含めた場合の同期機電機子電圧の変動の同期機定格電圧に対する割合を総合電圧変動率 ΔV_{eps} といい,これを百分率（%）で表し,式 (A.4) により求められる。

$$\Delta V_{eps} = \frac{|V_{gf} - V_{gn}|}{V_N} \times 100 \text{ (\%)} \quad \cdots\cdots\cdots\cdots\cdots\cdots\cdots\cdots\cdots\cdots \text{(A.4)}$$

ここに,V_{gf}：同期機が定格負荷のときの電機子電圧（V）

V_{gn}：同期機が無負荷のときの電機子電圧（V）

V_N：同期機定格電圧（V）

A.8.7.2 測定法

同期機を定格負荷状態に保ち,界磁巻線及び励磁装置各部の温度変化がほぼ安定した後,試験を実施する。励磁装置の定常ゲインを求める目的で総合電圧変動率試験を行うときは,負荷電流補償機能,制御関数上の積分器（又は界磁自動追従機能）などの機能を停止させて行わなければならない。

注記 AVR を含む励磁装置の定常ゲイン K は,式 (A.5) により求められる。

$$K = \frac{V_{f1} - V_{f2}}{V_{f0}} \cdot \frac{100}{\Delta V_{eps}} \quad \cdots\cdots\cdots\cdots\cdots\cdots\cdots\cdots\cdots\cdots \text{(A.5)}$$

ここに,ΔV_{eps}：総合電圧変動率（%）

V_{f1}：総合電圧変動率試験における定格負荷のときの界磁電圧（V）

V_{f2}：総合電圧変動率試験における無負荷のときの界磁電圧（V）

V_{f0}：無負荷定格電圧時の界磁電圧（V）

A.8.8 最大電圧上昇率,ΔV_s

A.8.8.1 一般

AVR を使用した状態で,同期機が定格負荷運転しているときに,主回路遮断器を開放した直後に現れる同期機電機子電圧の最大変動の同期機定格電圧に対する割合を最大電圧上昇率 ΔV_s といい,これを百分率（%）で表す。なお,原動機の回転速度変動の影響による電圧上昇も含める。

A.8.8.2 測定法

同期機電圧応答の記録は,任意の相間の電機子電圧の交流電圧波形,又は整流した直流電圧波形を計測する。後者の場合は,フィルタ時定数を 20 ミリ秒（ms）以下とする。電圧変動の割合を求める場合は,交流電圧波形による場合は包絡線から,また,直流電圧波形による場合は,リプル電圧の平均値から算出

する。試験時の負荷又は系統電圧との関係で，同期機を定格電圧及び定格力率に保つことが困難なときは，電圧を優先して定格電圧となるように励磁を調整した後に，主回路遮断器を開放し，その時の力率の値を明記する。

　　注記　最大電圧上昇率を求めるための試験は，一般的には調速機の特性試験として実施される負荷遮断試験時にあわせて行われる。

A.8.9　過渡応答特性

A.8.9.1　一般

階段状変化入力をAVRに与えた時の同期機電機子電圧の応答特性を過渡応答特性といい，次の諸特性で表す（図A.7参照）。

a) **立ち上がり時間 t_r**　初期値から定常値までの変動幅の10%から90%の値までに変化する時間（s）
b) **ピーク時間 t_p**　階段状変化を与えてから出力変動の最大値（又は定常値に対する過渡偏差の最大値）に達するまでの時間（s）
c) **整定時間 t_s**　階段状変化を与えてから定常値に対する偏差が許容範囲（特に指定がなければ±ΔV/50）内に入るまでの時間（s）
d) **遅れ時間 t_d**　階段状変化を与えてから同期機電機子電圧が変化し始めるまでの時間（s）
e) **行き過ぎ量 d**　同期機電機子電圧が定常値から行き過ぎた量の最大値をいい，定常値に対する割合（%）で表す。

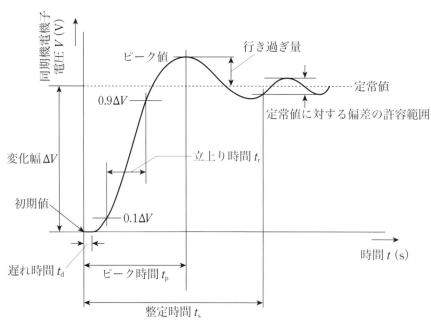

図A.7―励磁系の過渡応答曲線

A.8.9.2　測定法

同期機を定格回転速度及び無負荷で運転しておき，AVRを使用状態で同期機電機子電圧を定格電圧に調整した後に，同期機電機子電圧を増加又は減少方向に変化させるような階段状変化入力をAVRに与え，そのときの同期機電機子電圧応答を測定する。階段状変化入力の大きさは，AVRを含む励磁装置各部の出力が飽和値に達しないような値とする。この値は，通常，同期機電機子電圧変化に換算して定格電圧の±2〜3%にとるのが望ましい。階段状変化を与える方法は，AVRの基準電圧を急変させるか，又は同期機電機子電圧の急変と等価な信号をAVR入力回路に印加する。

大外乱による励磁装置各部の飽和の影響を含めた過渡応答を求めるときは，一般に±10％以上の階段状変化入力を与えて試験を行う。この場合，同期機電機子電圧が105％の値を超えないような初期電圧値を選ぶのが望ましい。

A.9 励磁装置構成機器の銘板

励磁装置を構成する各機器の銘板に関しては，それぞれの機器の規格に従った銘板を取り付けるものとする。

附属書 B
(参考)
同期機のフェーザ図

突極形同期発電機及び突極形同期電動機の各フェーザ図，並びにこのときの等価回路を，図 **B.1** 及び図 **B.2** に示す。

同期機のフェーザ図の表記には種々の方法があり，図 **2** のフェーザ図中の諸量は，直軸（d 軸）に虚軸を，横軸（q 軸）に実軸を割り当てた場合の表示で，実軸成分量及び虚軸成分量をそれぞれスカラー量として記載しているが，図 **B.1** から図 **B.4** では，フェーザ図中の諸量をすべてフェーザ量として記載している。

図 **B.1** に例示した突極形同期発電機のフェーザ図は，次のように構成される。

a) d 軸は，q 軸に対し，90°進みとし，軸の回転方向は，反時計回りとする。
b) d 軸は，界磁 N 極の中心軸に一致するように定める。
c) 電機子電流 d 軸分は，増磁作用を行うときを正とし，減磁作用を行うときを負とする。
d) 誘導起電力の方向は，右ネジ系にとるものとする。すなわち，誘導起電力及び鎖交磁束の瞬時値をそれぞれ，e, ψ とすると，$e = -\dfrac{d\psi}{dt}$ の関係を満足する。
e) 界磁巻線の d 軸起磁力 $\dot{F}_f$ は，d 軸正方向に一致するようにとる。
f) 内部同期リアクタンス電圧 $\dot{E}_f$ の方向は，無負荷起電力と同一方向であり，d 軸起磁力 $\dot{F}_f$ に対し 90°遅れの位置すなわち q 軸正方向に一致する。
g) 電機子電圧 $\dot{V}$ は q 軸正方向より，内部相差角 δ だけ遅れの位置にある。内部相差角 δ の大きさは，負荷状態に対応する。
h) 電流 $\dot{I}$ は，電圧 $\dot{V}$ に対して負荷力率角 φ だけ遅れ，又は進み位置にある。φ を電流から電圧へ向う方向にとるとき，遅れ力率では $0 < \varphi < \dfrac{\pi}{2}$，進み力率では $-\dfrac{\pi}{2} < \varphi < 0$ となる。
i) 電機子抵抗，直軸同期リアクタンス及び横軸同期リアクタンスをそれぞれ r_a，X_d 及び X_q とするとき，内部同期リアクタンス電圧 $\dot{E}_f$ と電機子電圧 $\dot{V}$ との間には，
$$\dot{E}_f = \dot{V} + r_a \dot{I} + jX_d \dot{I}_d + jX_q \dot{I}_q \qquad (B.1)$$
の関係がある。
j) ギャップ起磁力 $\dot{F}$ は，界磁起磁力 $\dot{F}_f$ と電機子起磁力 $\dot{F}_a$ との合成であり，
$$\dot{F} = \dot{F}_f + \dot{F}_a \qquad (B.2)$$
の関係がある。ただし，電機子起磁力 $\dot{F}_a$ は，電流 $\dot{I}$ と同一方向にある。

円筒形機械のように，d 軸と q 軸とで磁気抵抗が等しい場合，電機子鎖交磁束（ギャップ実在磁束）$\dot{\Psi}$ は，ギャップ起磁力 $\dot{F}$ と同一方向にあるが，突極形機械の場合は，$\dot{\Psi}$ は $\dot{F}$ に対して d 軸寄りの方向となる。

k) ギャップ起電力 $\dot{E}_\delta$ は，電機子鎖交磁束 $\dot{\Psi}$ より 90°遅れの位置にあり，電機子漏れリアクタンスを X_l とすると，
$$\dot{E}_\delta = \dot{V} + r_a \dot{I} + jX_l \dot{I} \qquad (B.3)$$
の関係がある。

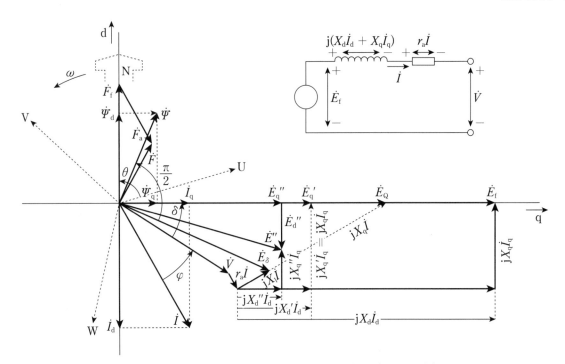

図 B.1—突極形同期発電機のフェーザ図（遅れ力率）

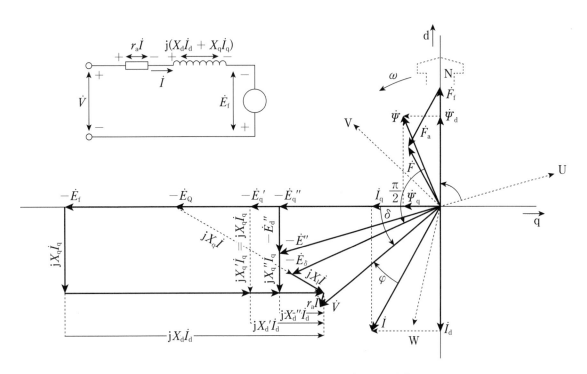

図 B.2—突極形同期電動機のフェーザ図（進み力率）

ここに，　$\dot{V}$：電機子電圧（端子—中性点間電圧）

$\dot{I}$：電機子電流（I_d，I_q は，それぞれ d 軸分，q 軸分を示す。）

$\dot{E}_f$：内部同期リアクタンス電圧

$\dot{E}_Q$：内部横軸リアクタンス電圧

$\dot{E}_\delta$：ギャップ電圧

$\dot{E}_Q{}'$：内部横軸過渡リアクタンス電圧

$\dot{E}''$：内部初期過渡リアクタンス電圧

$\dot{\Psi}$：電機子鎖交磁束（ギャップ実在磁束）（Ψ_d, Ψ_q は，それぞれ d 軸分，q 軸分を示す。）

$\dot{F}_f$：界磁起磁力

$\dot{F}_a$：電機子反作用起磁力

$\dot{F}$：ギャップ起磁力

r_a：電機子抵抗

X_d：直軸同期リアクタンス

X_d'：直軸過渡リアクタンス

X_d''：直軸初期過渡リアクタンス

X_q：横軸同期リアクタンス

X_q'：横軸過渡リアクタンス

X_q''：横軸初期過渡リアクタンス

X_l：電機子漏れリアクタンス

δ：内部相差角

φ：負荷力率角

θ：U 相軸から測った d 軸の電気角度

ω：角速度

U：固定子 U 相軸

V：固定子 V 相軸

W：固定子 W 相軸

N：界磁 N 極

d：直軸（d 軸）

q：横軸（q 軸）

フェーザ図において，各フェーザの長さは，それぞれのピーク値に対応するが，フェーザ諸量の瞬時値との関連を理解しやすくするために，固定子の U，V 及び W 各相軸を破線により示す。フェーザ諸量の各相における瞬時値は，これらの軸への投影として得られる。

図 B.1 及び **図 B.2** には，参考のため，過渡時及び初期過渡時におけるフェーザ図を示す。

等価回路において，＋，－の符号は，ある瞬時における電圧及び起電力のポテンシャルの高低に対応している。

突極形同期電動機のフェーザ図は，電圧 $\dot{V}$ を q 軸負方向より内部相差角 δ だけ進みの位置にとり，発電機の場合と同様に描くことができる。このとき，内部同期リアクタンス電圧 $\dot{E}_f$ と電機子電圧 $\dot{V}$ との関係は，

$$\dot{V} = -\dot{E}_f + r_a I + j(X_d \dot{I}_d + X_q \dot{I}_q) \quad \cdots\cdots\cdots\cdots\cdots\cdots\cdots\cdots\cdots\cdots\cdots \text{(B.4)}$$

となるようにとる（電動機基準のフェーザ図）。

また，円筒形同期機のフェーザ図は，上記突極形同期機のフェーザ図において，$X_d = X_q$ として，同様に描くことができる。電機子抵抗を無視して描いた円筒形同期発電機及び円筒形同期電動機のフェーザ図を，**図 B.3** 及び **図 B.4** に示す。

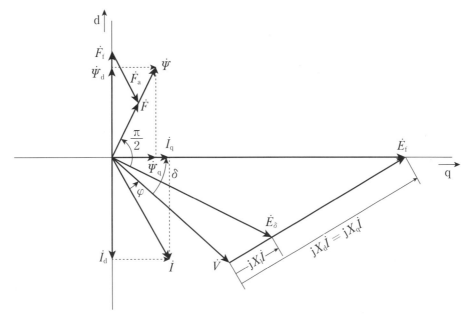

図 B.3—円筒形同期発電機のフェーザ図（遅れ力率）

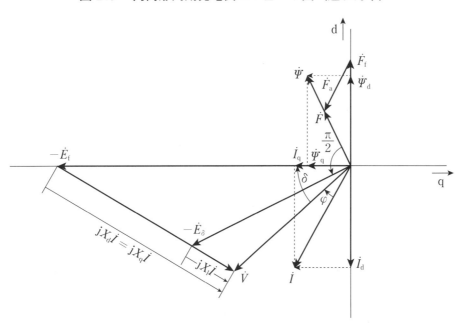

図 B.4—円筒形同期電動機のフェーザ図（進み力率）

附属書C
(参考)
ガスタービン発電機の補足

C.1 ベース出力特性及びピーク出力特性

ガスタービンのタービン入口温度を，定格ベース出力（又は定格ピーク出力）のときの値に保った状態で，ガスタービンの入口空気温度の変化に対するガスタービン出力の変化を表す曲線が，ガスタービンのベース出力曲線（又はピーク出力曲線）であり，このベース出力曲線（又はピーク出力曲線）に対応して，この規格における温度上昇限度その他の規定から定まる発電機の許容出力を表す曲線が，発電機のベース出力特性（又はピーク出力特性）である。それぞれの出力特性を，図C.1に示す。

ベース出力特性は，発電機が年間を通じて連続的に，又はそれに近い運転条件で使用される場合に対する特性曲線であり，ピーク出力特性は，発電機がピークカット用又は非常用発電機として使用される場合に対する特性曲線である。

なお，ガスタービンの性能に関する標準規格としては，**JIS B 8042-2**，**ISO 3977-2** などがあり，また，**JIS B 0128** において定格出力の意味が定められている。

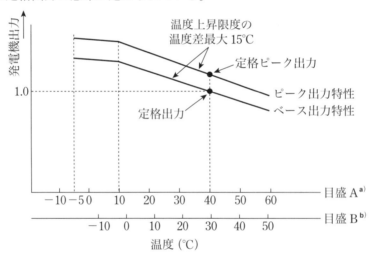

注記1 目盛Bは，一次冷媒温度目盛を示していない。ここでは，両目盛は単に二つの形式の出力特性の例を表している。一次と二次冷媒温度との関係は個々の設計により異なる。
注記2 目盛A及び目盛Bの熱交換器に関する内容については，C.3による。
注[a] 熱交換器を内蔵しない発電機の冷媒温度。これは，ほぼガスタービンの入口空気温度に等しい。
注[b] 熱交換器を内蔵した発電機の二次冷媒温度。

図C.1—発電機の出力特性（ベース出力特性及びピーク出力特性）

C.2 定格出力

ガスタービン出力は，ガスタービンの入口空気温度に応じて変化するので，これにより駆動される発電機には，ガスタービンの特性に見合った能力が要求される。換言すれば，標準使用条件の冷媒温度の範囲又は使用者が指定する冷媒温度の範囲で，発電機は，ガスタービンの出力を制限してはならない。しかし，冷媒温度範囲のすべての発電機出力（kVA）について特性及び性能を保証し，工場試験及び現地試験においてこれらを検証することは困難であり，特定の冷媒温度における発電機出力（kVA）について，受渡当

事者間で保証すべき特性及び性能を取決め，必要に応じ検証することが実際的である。さらに，電気機械の定格の考え方は，連結される原動機の種類ごとに考えるべきではなく，電気機械に対して一般的に採用されている共通の考え方によることが望ましい。このような観点から，受渡当事者間での協定がない場合は，**IEC 60034-3**に合わせて，冷媒温度の基準値40 ℃において，ガスタービンのベース出力曲線に対応した発電機の出力を，定格出力と定めるのが望ましい。なお，冷媒温度を40 ℃としたときの発電機の定格出力は，**JIS B 8042-2**及び**ISO 3977-2**で規定されている比較基準条件の入口空気温度15 ℃におけるガスタービンの定格出力よりも小さくなることがある。ガスタービン及び発電機の出力特性を，**図C.2**及び**図C.3**に示す。なお，冷媒温度の違いによる発電機出力の考え方については，**C.3**による。

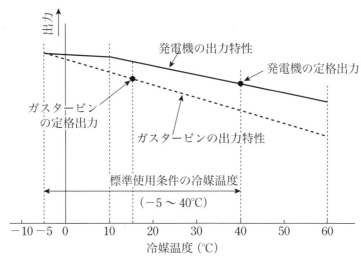

図C.2―ガスタービンと発電機との出力特性（冷媒温度が−5 ℃〜40 ℃の場合）

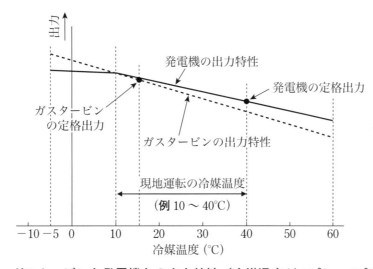

図C.3―ガスタービンと発電機との出力特性（冷媒温度が10 ℃〜40 ℃の場合）

C.3 冷媒温度

周囲空気を冷媒として使用する空気冷却式発電機の一次冷媒の温度範囲は，−5 ℃以上40 ℃以下とするのが通常である。したがって，注文者からの冷媒温度範囲の指定がない場合には，発電機は，上記の冷媒温度範囲の全域において，ガスタービンの出力特性を制限することなく運転できるように設計，製作されなければならない。

図 C.1 に代表的な空気冷却式発電機の出力特性を示す。一般に，冷媒温度又は周囲空気温度の変化に対する出力変化の割合は，ガスタービンよりも発電機の方が小さい。

熱交換器を内蔵しない空気冷却発電機の場合，冷媒温度（図 C.1 の目盛 A）は，ガスタービンの入口空気温度と一致するか，ほぼ同じであるため，周囲空気温度変化に伴う出力変化の割合は比較的大きい。これに対し，熱交換器を内蔵する発電機の場合，二次冷媒（図 C.1 の目盛 B）の温度変化の範囲は，ガスタービンの入口空気温度変化の範囲よりも小さく，周囲空気温度が極めて低い場合でも，二次冷媒温度はそれ程低くならない。

したがって，熱交換器を通った一次冷媒温度の変化は，周囲空気温度の変化に比べて小さく，周囲空気温度に対する発電機の出力変化の割合は，ガスタービン出力よりさらに緩やかになる。

これらいずれの場合にも要求される性能として，指定された冷媒温度範囲で発電機有効電力（kW）を発電機の効率（小数）で除した値は，ガスタービンの出力曲線と等しいか，又はそれらを上回っていなければならない。そのため，発電機の出力は，空気温度の低温側限度におけるガスタービン出力によって決定される。よって，発電機の出力を決定するときには，空気温度の低温側限度の取決めが非常に重要となる。

熱交換器を内蔵する発電機については，さらにガスタービンの入口空気温度と二次冷媒温度との間には単純な又は一定の関係がないことを考慮しなければならない。

冷媒温度の範囲を標準使用条件に合わせたときのガスタービンと発電機との出力特性を図 C.2 に示す。発電機出力は，冷媒温度の下限でガスタービン出力に一致している。現地使用条件を考慮し，冷媒温度の範囲をより狭く指定した場合のガスタービンと発電機との出力特性を図 C.3 に示す。合わせて指定された冷媒温度の全範囲にわたって，発電機出力は，よりガスタービンの出力に近い値となっている。このように，現地使用条件から実際的な冷媒温度の範囲を指定することにより，発電機定格出力を小さくすることが可能となる。以上より，必要以上に冷媒温度範囲を広げて指定するのではなく，現地運転の範囲で冷媒温度を指定すべきである。

C.4 運転条件を考慮した温度上昇限度又は温度限度の補正

ガスタービン発電機の場合には，冷媒温度が変化する環境下で使用されることが多く，ガスタービンの許容出力は，その入口空気温度によって大きく変化し，空気温度の低下とともに増大する特徴を有している。この入口空気温度によるガスタービンの出力変化，及び次に示す発電機の冷媒温度の変化と巻線の温度限度との関係を考慮して，発電機の出力特性を決める必要がある。

IEC 60034-3 では，ガスタービン発電機の冷媒温度の 10 ℃から 60 ℃までの範囲の変化に対しては，巻線などの温度を一定の温度限度で制限する考え方で温度上昇限度の補正を規定し，冷媒温度の 10 ℃未満から −20 ℃の温度範囲に対しても，一定の割合で温度上昇の補正を規定している。この考え方によった場合の例として，図 C.4 に空気間接冷却式発電機，図 C.5 に直接冷却式発電機のベース出力特性における耐熱クラス 130（B）絶縁電機子巻線の温度（埋込温度計法）と冷媒温度との関係を示す。

10 ℃未満 −20 ℃までの温度補正について，**IEC 60034-3** では，
— 間接冷却方式巻線では，温度上昇限度に "30 K + 0.5 × (10 − 冷媒温度) K" を加える。
— 直接冷却方式巻線では，温度限度から "0.3 × (10 − 冷媒温度) K" を減ずる。
と規定されており，この規格は **IEC 60034-3** に合わせている。

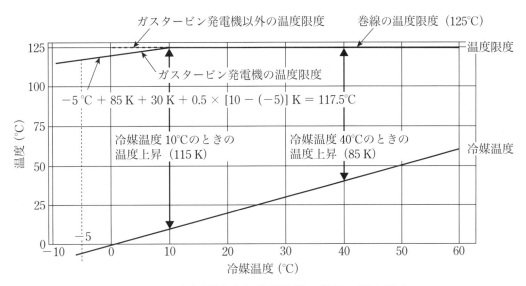

図C.4—空気間接冷却式発電機の巻線の温度限度

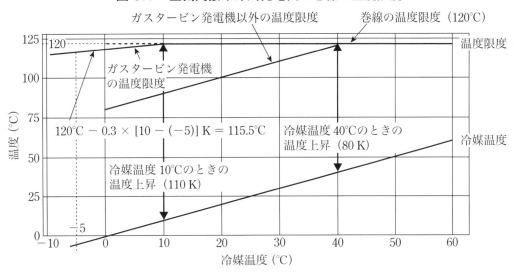

図C.5—直接冷却式発電機の巻線の温度限度

C.5 温度上昇限度
C.5.1 定格ピーク出力

この規格では,ガスタービンのベース出力曲線に対応する発電機の定格出力運転時の温度上昇限度に加え,ガスタービンのピーク出力曲線に対応した発電機の定格ピーク出力運転時の温度上昇限度を規定している。後者の温度上昇限度は,各耐熱クラスとも定格出力の場合より15 K高くなっており,このような温度で運転した場合,絶縁物の熱劣化が早まり発電機の寿命は短縮される。

ガスタービン発電機の寿命の基本的な考え方は,原動機であるガスタービンとの協調である。ガスタービンは,年間の運転時間により分類される"クラス"と年間平均起動回数により分類される"レンジ"との組合せによる種々の運転モードがあり,それぞれの運転モードによって必要な保守点検の方法及び周期が変わってくる。これらの運転モードの中で,ピーク出力運転の場合,ガスタービンのタービン入口温度はベース出力運転の場合に比べて高く,ガスタービンの点検及び保全の間隔は短くなってくる。ガスタービンのピーク出力運転モードに対し,発電機の温度上昇限度を一般の発電機と同様に制限しようとした場合,発電機寸法は大きくなり経済的でなくなる。したがって,**IEC 60034-3**では,ピーク出力での運転で

は，より高い温度を認めている。**JEC-2131**でもその考え方を採用していたことから，この規格も**JEC-2131**及び**IEC 60034-3**に合わせ，温度上昇限度を15 K高くした。これにより，絶縁物の劣化速度が大きくなるが，ピーク出力運転は，年間運転時間が少ないことを前提条件としている。なお，ピーク出力運転では，定格運転の場合より熱的に3〜6倍の速さで劣化する（**IEC 60034-3** 参照）。換言すれば，ピーク出力での1時間の運転は，定格出力における3〜6時間の運転に相当することになる。

C.5.2　短時間定格

この規格には短時間定格が定義されているが，ガスタービン発電機の定格ピーク出力と混乱するため，注意が必要である。

定格ピーク出力以上の短時間定格を要求される場合でも，温度上昇限度は，定格ピーク出力時の値を適用することが望ましい。

C.5.3　一次冷媒として水を用いた直接冷却巻線の温度制限値

一次冷媒として水を用いた直接冷却巻線をもつ発電機の場合，温度限度を安易に上げることは，水が液相から気相へ変化し（沸騰現象が起こり），急激な圧力上昇が発生するおそれがある。したがって，定格ピーク出力における温度限度においても，定格出力における温度限度と同一とし，15 Kを限度として温度限度を高くすることはしない。この考えと同様に，巻線の液体冷却においても，定格出力における温度限度と同一とし，15 Kを限度として温度限度を高くすることはしない。

附属書 D
（参考）
リアクタンス及び時定数に対する飽和

同期機の各種リアクタンス及び時定数は，電機子回路，界磁回路，磁極面渦電流回路など，各回路の電圧及び電流が増大すると，磁気回路の磁気飽和の影響を受けて，磁気飽和のないものより小さくなる。磁気飽和の影響を考慮した値を飽和値とし，考慮しない値と区別する。

定格電圧における値を飽和値，無負荷飽和曲線に飽和の影響の現れない程度の低減電圧で測定した値を不飽和値とし，両者の比をリアクタンスの飽和係数という。

1935 年に Electrical Engineer 誌に発表された諸データを引用したリアクタンス及び時定数に対する飽和係数の一例値を，**表 D.1** に示す。

表 D.1—リアクタンス及び時定数に対する飽和係数

リアクタンス及び時定数の種類		突極機		塊状回転子形タービン発電機	
		制動巻線あり	制動巻線なし	2極機	4極機
直軸過渡リアクタンス	X_d'	0.88	0.88	0.88	0.88
直軸初期過渡リアクタンス	X_d''	1.0	0.88	0.65	0.77
逆相リアクタンス	X_2	1.0	0.88	0.65	0.77
直軸短絡過渡時定数	T_d'	0.88	0.88	0.88	0.88
注記 1　上記の飽和係数は，100 %電機子電圧で突発短絡して得た飽和値と，30～50 %電機子電圧で突発短絡した不飽和値とから，実験的に求めたものである。					
注記 2　X_0，T_{do}'，T_d'' に対しては，すべての同期機で 1.0 とみなしてよい。					
注記 3　Kilgore, Electrical Engineer, Vol. 54, pp. 545（1935-5）より。					

1983 年に電気学会（同期機リアクタンス調査専門委員会）において，同期機のリアククンスの飽和係数が調査された［電気学会技術報告（I 部）第 135 号"同期機のリアクタンスの飽和係数"参照］。これによれば，リアクタンスの飽和係数として**表 D.2** の値程度を使用するのが適当とされている。

表 D.2—リアクタンスに対する飽和係数

リアクタンスの種類		突極機	円筒形タービン発電機
直軸過渡リアクタンス	X_d'	0.88	0.94
直軸初期過渡リアクタンス	X_d''	0.88	0.88

リアクタンスの飽和は，機械によって相当の違いがあることから，**表 D.1** 及び**表 D.2** の飽和係数は，概略値であり，今後さらに多くのデータ収集によって，将来再検討するのが望ましい。

附属書 E
（参考）
漂遊負荷損の温度依存性及び補正の考え方

同期機の漂遊負荷損の温度依存性に関する JEC における取扱いは制定年により異なる。

JEC-2130：2000 第 1 編 8.5 では，"負荷損と漂遊負荷損の合計は温度に依らないと推測されるので，温度補正は行わない"と規定されており，漂遊負荷損は温度依存性を有するとの考え方をとっていた。一方，JEC-114：1979（この規格の二つ前の版）第 2 編 5.2 では，漂遊負荷損は"銅損試験結果から，機械損，並びに試験時の巻線温度における電機子巻線抵抗及び電機子電流から算出した直接負荷損を差し引いて求める"との規定があり，漂遊負荷損は温度依存性を有しないとの考え方をとっていた。JEC-2130：2000 の規定（考え方）は，IEC 60034-2：1972 11.1.4 の"負荷損と漂遊負荷損（additional load losses）との合計は温度に依らないと推測される"との記述に準拠したものであるが，この記述に対する根拠及びデータの出典が明らかではなかったことから，電気学会（交流機の損失評価技術調査専門委員会）において技術調査を実施し，検証が行われた。結果は次のとおりであった（電気学会技術報告第 967 号"誘導機と同期機の損失評価技術"参照）。

— 冷却方式の異なる 3 台の中容量の 2 極タービン発電機を使った実測により，電機子巻線温度の上昇とともに短絡損（直接負荷損と漂遊負荷損との合計）が微増する結果が得られた。
— 上記実測値と，JEC-2130：2000 及び JEC-114：1979 各々の規定に基づく短絡損推定値とを比較したところ，実測値と比較して JEC-2130：2000 が低め，JEC-114：1979 が高めとなったが，JEC-114：1979 の方が実測値に近いことが確認された。
— 有限要素法解析による漂遊負荷損の温度依存性検証では，漂遊負荷損の温度依存性はほとんど見られなかった。

以上より，技術報告第 967 号においては"漂遊負荷損は温度依存性を有するが，JEC-2130：2000 及び IEC 60034-2：1972 の規定で前提としているほどではないと推定される"と結論づける一方，実測サンプル数が少ないこと，測定精度に疑義が残ること，といった課題も存在することから，"今後の検討が望まれる"としている。

この規格の改正にあたって，技術報告第 967 号に基づく規定の見直しを実施するか議論されたが，次の理由により見直しは行わないこととした。

— 技術報告第 967 号では JEC-2130：2000 及び IEC 60034-2：1972 の考え方に対する疑義を明らかとしたが，サンプル数，測定精度の観点から定量的な知見の提示にまでは至っていない。
— 当該規定は規約効率の算定に係るものであり，国際間の性能比較及び評価の観点から IEC との整合に対する優先度が高い。

しかしながら，技術報告第 967 号により得られた知見は，同期機を取り扱う関係者全般で理解及び共有し，設計などにおいて留意すべきものであることから，附属書 E としてこの規格の参照者に供することとした。

附属書 F
（参考）
参考文献

JEC-2410：2010	半導体電力変換装置
JEC-6147：2010	電気絶縁システムの耐熱クラスおよび熱的耐久性評価
JIS B 0128：2005	火力発電用語－ガスタービン及び附属装置
JIS B 8042-2：2001	ガスタービン－調達仕様－第2部：比較基準条件及び定格
JIS B 8042-3：2007	ガスタービン－調達仕様－第3部：設計要求事項
JIS B 8101：2012	蒸気タービンの一般仕様
JIS C 0445：1999	文字数字の表記に関する一般則を含む機器の端子及び識別指定された電線端末の識別法
IEC 60034-1 Ed. 12.0：2010	Rotating electrical machines - Part 1：Rotating and performance
IEC 60034-2 Ed. 3.0：1972	Rotating electrical machines - Part 2：Methods for determining losses and efficiency of rotating electrical machinery from tests (excluding machines for traction vehicles)
IEC 60034-2A First Ed.：1974	Rotating electrical machines - Part 2：Method for determining losses and efficiency of rotating electrical machinery from tests (excluding machines for traction vehicles) - Measurement of losses by the calorimetric method
IEC 60034-2-1 Ed. 1.0：2007	Rotating electrical machines - Part 2-1：Standard methods for determining losses and efficiency from tests (excluding machines for traction vehicles)
IEC 60034-2-2 Ed. 1.0：2010	Rotating electrical machine - Part 2-2：Specific methods for determining separate losses of large machines from tests - Supplement to IEC 60034-2-1
IEC 60034-3 Ed. 6.0：2007	Rotating electrical machines - Part 3：Specific requirements for synchronous generators driven by steam turbines or combustion gas turbines
IEC 60034-4 Ed. 3.0：2008	Rotating electrical machines - Part 4：Methods for determining synchronous machine quantities from tests
IEC 60034-5 Ed.4.1：2006	Rotating electrical machines - Part 5：Degrees of protection provided by the integral design of rotating electrical machines (IP code) - Classification
IEC 60034-6 Second Ed.：1991	Rotating electrical machines - Part 6：Methods of cooling (IC code)
IEC 60034-8 Third Ed.：2007	Rotating electrical machines - Part 8：Terminal markings and direction of rotation
IEC 60034-16-1 Ed. 2.0：2011	Rotating electrical machines - Part 16-1：Excitation systems for synchronous machines - Definitions

IEC/TR 60034-16-3 First Ed.：1996	Rotating electrical machines - Part 16：Excitation systems for synchronous machines - Section 3：Dynamic performance
ISO 3977-2：1997	Gas turbines - Procurement - Part 2：Standard reference conditions and ratings
IEEE Std C50.13：2005	IEEE Standard for Cylindrical-Rotor 50 Hz and 60 Hz Synchronous Generators Rated 10 MVA and Above
IEEE Std 421.1：2007	IEEE Standard Definitions for Excitation Systems for Synchronous Machines

電気学会　同期機常置専門委員会編，電気学会技術報告（Ⅰ部）第126号"同期機の界磁電流算定法について"，1978年

電気学会　同期機リアクタンス調査専門委員会編，電気学会技術報告（Ⅰ部）第135号"同期機のリアクタンスの飽和について"，1983年

電気学会　同期機励磁系の仕様と特性調査専門委員会編，電気学会技術報告536号"同期機励磁系の仕様と特性"，1995年

電気学会　同期機のブラシレス励磁機諸特性調査専門委員会編，電気学会技術報告第652号"同期機のブラシレス励磁機に関する調査研究"，1997年

電気学会　同期機諸定数調査専門委員会編，電気学会技術報告第798号"同期機諸定数の適用技術"，2000年

電気学会　交流機の損失評価技術調査専門委員会編，電気学会技術報告第967号"誘導機と同期機の損失評価技術"，2004年

Kilgore, L. A.,　"Effects of saturation on machine reactances"（Electrical Engineering, Volume 54, Issue 5, pp. 545-550），1935年

JEC-2130：2016
同期機
解説

この解説は，本体及び附属書に規定・記載した事柄，並びにこれらに関連した事柄を説明するもので，規格の一部ではない。

1 改正の趣旨及び経緯

この規格は，1934 年に **JEC-35** "同期機"として制定され，幾多の改正[1]を経た後に，今回の改正に至った。

前回の 2000 年改正は，**JEC-2100**：1993 "回転電気機械一般"を親規格とし，**IEC 60034-1** に対応した規格として制定されたものである。その後，一部に記載上の誤りがあったので，2003 年 3 月に正誤票 -1A を発行して訂正した。また，2004 年 4 月に **IEC 60034-1** が Edition 11.0 として全面改正されたことを受け **JEC-2100** が 2008 年 3 月に全面改正され，両規格と整合を図るために，2009 年 5 月に **JEC-2130**：2000 追補 1：2009-05 を発行した。しかし，その追補は，**JEC-2100**：2008 のすべての内容を追補しておらず，また，2010 年 2 月には **IEC 60034-1** が Edition 12.0 として改正されており，**JEC-2130** の内容を関連 JEC 及び IEC 規格と整合させることが実務面から強く要望されていた。

また，**JEC-2130** の改正は，この規格を基にしてガスタービン駆動同期発電機への要求事項の特殊性を考慮した **JEC-2131**：2006 "ガスタービン駆動同期発電機"へ影響を与え，さらに，**JEC-2131**：2006 に関連する規格である **IEC 60034-3** が 2007 年 11 月に Edition 6.0 として改正されていることもあり，**JEC-2131** の改正も同時に要望されていた。**IEC 60034-3** では，従来ガスタービン駆動同期発電機は同一規格で扱われていること，Edition 6.0 では "Specific requirements for synchronous generators driven by steam turbines or combustion gas turbines" と改題されていること，及び発電機出力が周囲温度の影響を受けること以外の記載内容は同期機として共通であることから，回転機標準化委員会において，**JEC-2130** の改正に **JEC-2131** の改正を包含して扱うのがよいと判断された。

このような状況から，**JEC-2100**，**IEC 60034-1** などの関連する規格の内容と整合させることを基本方針として，国内の実態に即した内容に改正し，かつ，**JEC-2131**：2006 を包含して改正した。

注[1] 改版作業は，2000 年版までは "改訂"と呼んでいたが，ここではすべて "改正"と記載する。

2 主な改正点

主な改正点は，次のとおりである。

a) **全体** 2012 年に "規格票の様式"が改正され，これに従って全面的に表現を改めた。例えば，前の版では緒言に記載されていた内容の一部をこの解説に移動し，まえがき及び序文を追加した。

規格の内容は，**JEC-2100**，**IEC 60034-1** などの関連する規格の内容と整合させることを基本方針として，国内の実態に即した内容とし，かつ，**JEC-2131**：2006 を包含した内容とした。また，この規格は，**JEC-2100**：2008 との重複記載を避け，それを引用して省略する形とし，同期機特有の事柄を中心に規定した。

前の版は，第 1 編 "一般事項"，第 2 編 "試験および検査"，第 3 編 "励磁装置"の 3 編で構成され

ていたが，新しい"規格票の様式"に従った構成とし，かつ，この規格の親規格である **JEC-2100：2008** の構成に合わせた。具体的には，**JEC-2100：2008** の箇条配列にできるかぎり合わせ，前の版の**第 2 編**"試験および検査"は**箇条 14** とし，前の版の**第 3 編**"励磁装置"は**附属書 A** とした。

b) **用語及び定義（箇条 3）** 実態に合わせて，用語及び定義を見直し，説明のために同期機のフェーザ図を追加した。

また，前の版で**第 3 編**"励磁装置"で定義されていた同期機の励磁に関する用語は，その一部を**箇条 3** にも記載した。

さらに，**JEC-2131：2006** で定義されていたガスタービン発電機に関する用語は，その一部を**箇条 3** に追加した。

c) **使用及び定格（箇条 4）** 新たに定格条件（**4.2.3**）を規定した。

d) **温度上昇（箇条 9）** 同期機の温度上昇を定めるときの基準となる冷媒の温度を，前の版，**JEC-2131：2006** 及び **JEC-2100：2008** では"基準冷媒温度"という用語で 40 ℃又は 25 ℃と規定しているが，ガスタービン発電機において定格出力を決めるための一次冷媒温度と混同するおそれがあるといった懸念から，この規格では"基準冷媒温度"という用語を用いずに，その温度を規定した（**9.10**）。

e) **その他の性能及び試験（箇条 11）** ルーチン試験の規定を **JEC-2100** に整合させて追加した（**11.1**）。

前の版の**解説 7** の同期発電機の短時間過電流耐量について，この規格では，最新の **IEC 60034-3** 及び **IEEE Std C50.13** と整合をとり，本体に規定した（**11.3.2**）。

f) **試験及び検査（箇条 14）** 試験及び検査の方法を**箇条 14** に規定し，試験及び検査に関する要求事項は，他の箇条に規定することを原則として整理した。ただし，耐電圧試験については，前の版の**第 1 編 箇条 9** と**第 2 編 箇条 4** とに分かれて規定されている形を，ほぼそのまま踏襲し，それぞれ絶縁耐力（**11.2**）と耐電圧試験（**14.2.4**）とに分けて規定した。

また，界磁巻線の温度上昇に関する補正として，前の版の**第 2 編 3.2.4（2）(b)** に規定されていた (3.13) 式については，電気学会技術報告（Ⅱ部）第 18 号"同期機試験法要綱"に同様の補正式があるものの，補正式に用いられる一部のパラメータが不明確であること，及びこの補正式が用いられていないという実態から，削除した（**14.2.3.5**）。

g) **表示事項（箇条 15）** 前の版で規定していた定格銘板の記載事項"定格励磁電圧および定格界磁電流"を，この規格では，**IEC 60034-1** との整合を図り"定格界磁電圧及び定格界磁電流"とした（**15.1**）。

JEC-2131：2006 で規定していた定格銘板の記載事項"基準冷媒温度"は，この規格では，その用語を用いない（**h) 2)** 参照）ことから定格銘板の記載事項とせず，ガスタービン発電機で注文者より要求のある場合に，定格出力を規定する冷媒温度を，最高冷媒温度に併記することとした（**15.1**）。

h) **附属書** 前の版の**解説**に相当するが，前の版の**解説**は，内容が **JEC-2100：2008** と重複することなどから，**e)** のとおり一部を本文に規定した以外は，すべて削除した。

それらに替わり，励磁装置の規定をまとめた**附属書 A**，同期機のフェーザ図をまとめた**附属書 B**，ガスタービン発電機の規定について補足する事項をまとめた**附属書 C**，リアクタンス及び時定数に対する飽和をまとめた**附属書 D**，漂遊負荷損の温度依存性及び補正の考え方をまとめた**附属書 E**，並びに参考文献をまとめた**附属書 F** を追加した。

附属書 A，**附属書 B** 及び**附属書 C** については，次のとおりである。

1) **附属書 A**"励磁装置" **a)** のとおり，前の版の**第 3 編**"励磁装置"を**附属書 A** として，次のとおり，内容を一部改正した。

1.1) 励磁装置の適用範囲（**A.1**） 励磁装置の対象は，前の版と同じく直流を供給する装置のみとし，

可変速機などの交流励磁装置を含めないこととした。

1.2) 励磁方式の種類（A.2） 励磁方式の種類として，"直流励磁機方式"と"交流励磁機方式"とを合わせた"回転形励磁方式"を追加し，また，現在の新設機に適用される場合のある"自励ブラシレス励磁方式"を追加した（**表 A.1 及び図 A.1**）。

1.3) 励磁装置の用語及び定義（A.3） "励磁装置定格電流"，"励磁装置定格電圧"，"定格界磁電流"，"定格界磁電圧"，"無負荷定格電圧時の界磁電流"，"無負荷定格電圧時の界磁電圧"，"ギャップ線上の界磁電流"及び"ギャップ線上の界磁電圧"は，本体（**箇条 3**）で定義された用語であるが，主に**附属書 A**を参照する利用者の便を考慮して，**附属書 A**にも用語を定義し，本体と**附属書 A**とで用いる用語及び記号を統一した。また，**IEC 60034-16-1**に合わせて，用語として"無負荷時の頂上電圧"及び"負荷時の頂上電圧"を追加した。

　励磁装置の各制御機能は，前の版で"○○装置"と規定されていたが，装置として独立していない場合が一般的であるため，"○○機能"に改めた。ただし，PSSについては，装置として独立していない場合が一般的であるものの"電力系統安定化装置"という呼称が一般化しているため，前の版のままとした。

1.4) 励磁装置の温度上昇（A.5） 冷媒温度の規定は，前の版が回転機を対象としており，静止器に適用できない部分があったため，半導体電力変換器を対象とした規定を新たに追加した。

　温度上昇限度の条件は，前の版が"同期機を定格負荷状態に保ったとき"としていたが，励磁装置単体に定格が定められているときは，"励磁装置を定格状態に保ったとき"を基本とし，受渡当事者間の協定により"同期機を定格負荷状態に保ったとき"としてもよいこととした。

1.5) 励磁装置の耐電圧試験（A.6） 耐電圧試験の方法は，前の版が回転機を対象としており，静止器に適用できない部分があったため，半導体電力変換器を対象とした方法を新たに追加した。

　同期機の界磁巻線に直接接続される励磁装置の耐電圧試験は，前の版では定格界磁電圧を基準とした試験電圧を規定していたが，これを，励磁装置定格電圧を基準とした試験電圧を基本とし，受渡当事者間の協定により定格界磁電圧を基準とした試験電圧としてもよいこととした。これは，**IEC 60034-1**と整合させていた前の版に対し，装置の定格値を基準に試験を行うべきであるという考え方，及び国内では励磁装置定格電圧を基準とした試験電圧で試験を行うことが多いという実態により，変更したものである。

1.6) 励磁装置の損失（A.7） 損失の求め方は，前の版が回転機を対象としており，静止器に適用できない部分があったため，静止器を対象とした損失を新たに追加し，回転機と分けて規定した。

　別置きの励磁電源（電池，整流器，電動発電機など）の損失，及びその電源とブラシとの間のリード線の損失は，**IEC 60034-2-1**及び**IEEE Std C50.13**の趣旨に合わせ，励磁装置の損失に含めることとした。また，静止形励磁方式において，同期機の端子に接続された交流電源に限らず，励磁電源として使用される変圧器以下の励磁回路を構成する機器の損失は，**IEC 60034-2-1**の趣旨に合わせ，すべて励磁装置の損失に含めることとした。

1.7) 励磁装置の特性試験（A.8） 前の版で規定されていた"公称頂上電圧"は，**IEC 60034-16-1**に記載がなく，国内での使用実態もほとんどないことから，励磁装置の特性試験から削除し，"頂上電圧"の説明に含めることとした。

　また，**IEEE Std 421.1**に定義されていた"High Initial Response"は，**IEC 60034-16-1**にも2011年5月のEdition 2.0から追記されており，この規格でもこれを"超速応励磁"として，"励磁系電圧応答時間"の説明に追記した。

2) **附属書 B "同期機のフェーザ図"** 詳細な同期機のフェーザ図及びその説明は，**JEC-114**：1979（この規格の二つ前の版）**第 2 編 7.16** 及び**説明書 9** に記載されていたが，前の版の改正で削除された。この規格では，これらを再び**附属書 B** にまとめた。

3) **附属書 C "ガスタービン発電機の補足"** ガスタービン発電機に関連する規格である **IEC 60034-3** では，適用範囲を定格出力 10 MVA 以上に限定しているが，製造者及び注文者から，10 MVA 未満の発電機も適用範囲に含めたいという強い要望があったことから，**JEC-2131**：1985 制定時点から適用範囲に定格出力の下限を設けておらず，この規格でも同様に，適用範囲に定格出力の下限を設けていない。

　　JEC-2131：2006 に規定されていた事項は，ガスタービン発電機特有の表現を可能な限り一般化した上で，必要最小限の事項をこの規格の本体に規定し，その他の参考的要素を**附属書 C** にまとめた。なお，内容として大きな改正点はない。

3　懸案事項

この規格の改正を審議する過程で挙がった **JEC-2100** の改正時に反映すべき事項は，次による。

a) **IEC 60034-7** に規定されている，据付方式を示す IM コードについて，回転機に共通する事項として，必要に応じて **JEC-2100** に規定することを提案する。なお，同期機の規格としては IM コードを規定する必要性は感じられず，この規格には規定しなかった。

b) **JEC-2100 2.73** で，電流脈動率の定義がこの規格と異なることについて，補足するなどの反映を提案する。

c) **JEC-2100 表 1** における同期調相機の主要機能が，単位キロボルトアンペアー（kVA）で規定されていることについて，これを単位バール（var）に改正することを提案する。

d) **JEC-2100 8.6.1** で，円筒形回転子の同期機界磁巻線を除く界磁巻線の場合，巻線の温度測定法は，抵抗法又は温度計法が使用できると規定されていることについて，最新の **IEC 60034-1** と整合を図り，円筒形回転子の同期機界磁巻線を除外せず，界磁巻線の場合の巻線の温度測定法は，抵抗法又は温度計法が使用できると規定することを提案する。

e) **JEC-2100 8.10.2** で，**IEC 60034-1** の "permanently short-circuited windings" から "永久短絡巻線" という用語を用いていることについて，一般に使用されない用語であることから，この規格では "短絡巻線（制動巻線）" に改正した。これと同様の改正を提案する。

f) **JEC-2100 11.3** で，回転機の軸端に一つ又は複数のキー溝が設けてある場合，各々に通常の形状及び長さの完全なキーを附属しなければならないことが規定されていることについて，"通常の形状及び長さ" ではなく "適切な形状及び長さ" に改正することを提案する。なお，**IEC 60034-1** における "normal" に相当する箇所であり，**JEC-2130** では，追補 1：2009-05 の段階で改正されている。

g) **JEC-2100 附属書 1.** では，**IEC 60034-8** と整合を図り，タービン用同期発電機が適用範囲から除外されていることについて，これを適用範囲に含めることを提案する。

h) **JEC-2100 解説 6** で，**IEC 60034-1** の "overhaul" から "オーバーホール" という用語を用いていることについて，国内では定期的な詳細点検を示す用語として使われる場合が多いのに対し，**IEC 60034-1** では巻線全体の修理を指していると考えられるため，これを適切な用語に改正することを提案する。

　　また，**JEC-2100 解説 6** の題名 "部分的な巻き替えを行った回転機に対する耐電圧試験" は，"部分的な巻き替え又は修理を行った回転機に対する耐電圧試験" に改正することを提案する。

4 標準特別委員会名及び名簿

委員会名：同期機標準特別委員会

委 員 長	長野　進	（中央大学）
幹　　事	久保　和俊	（関西電力）
同	仙波　章臣	（三菱日立パワーシステムズ）
委　　員	阿曽　俊幸	（東　芝）
同	阿部　倫也	（日本電機工業会）
同	石井　亮太	（明電舎）
同	石黒　友希夫	（電源開発）
同	大村　成重	（東芝三菱電機産業システム）
同	粥川　滋広	（日立三菱水力）
同	北内　義弘	（電力中央研究所）
同	木村　誠	（富士電機）
同	熊野　照久	（明治大学）
同	佐藤　尚史	（東京電力）
委　　員	高瀬　冬人	（摂南大学）
同	種村　勲	（東北電力）
同	森下　大輔	（安川モートル）
同	森山　友広	（中部電力）
同	山谷　忠義	（シンフォニアテクノロジー）
主な協力者	鈴木　章夫	（日本内燃機関連合会）
幹事補佐	泉　昭文	（三菱電機）
同	奥出　邦夫	（関西電力）
同	宮川　家導	（三菱日立パワーシステムズ）
途中退任委員	安藤　幹郎	（中部電力）
同	岩佐　慶夫	（中部電力）
同	関原　光也	（東北電力）
同	宮本　進一郎	（東京電力）

作業会名：同期機標準特別委員会　励磁装置作業会

作業会主査	北内　義弘	（電力中央研究所）
作業会幹事	泉　昭文	（三菱電機）
作業会メンバー	浅田　洋司	（富士電機）
同	石黒　友希夫	（電源開発）
同	石塚　隆司	（明電舎）
同	加藤　陽一	（日立製作所）
同	粥川　滋広	（日立三菱水力）
同	久保　和俊	（関西電力）
作業会メンバー	佐藤　尚史	（東京電力）
同	柴田　雅彦	（東　芝）
同	田中　誠一	（三菱電機）
同	真岡　明洋	（日立製作所）
同	宮本　進一郎	（東京電力）
主な協力者	野口　紳也	（三菱電機）
途中退任作業会メンバー	江藤　和正	（富士電機）
同	宮本　進一郎	（東京電力）

5 標準化委員会名及び名簿

委員会名：回転機標準化委員会

委 員 長	澤　孝一郎	（日本工業大学）
幹　　事	阿部　倫也	（日本電機工業会）
同	日和佐　寛道	（富士電機）
同	宮川　家導	（三菱日立パワーシステムズ）
委　　員	阿曽　俊幸	（東　芝）
同	雨森　史郎	（早稲田大学）
同	石黒　友希夫	（電源開発）
同	榎本　琢磨	（東京電力）
同	大戸　基道	（安川電機）
同	岡本　吉弘	（東洋電機製造）
同	小野寺　隆	（富士電機）
同	金川　晃夫	（東芝三菱電機産業システム）
委　　員	木村　健	（奈良工業高等専門学校）
同	久保　和俊	（関西電力）
同	黒住　誠治	（パナソニック）
同	坂野　富明	（ジャパンイーマテック）
同	杉本　健一	（日立製作所）
同	仙波　章臣	（三菱日立パワーシステムズ）
同	谷口　治人	（東京大学）
同	長野　進	（中央大学）
同	仁田　旦三	（東京大学）
同	前田　進	（三菱電機）
同	松浦　秀実	（明電舎）
同	松岡　孝一	

委　　員	三木　一郎	（明治大学）	参　　加	舘　　憲弘	（富士電機）
同	森田　登	（電動機・ブラシ技術研究所）	同	長島　洋明	（東芝産業機器システム）
同	山口　秋男	（炭素協会）	同	福田　智教	（経済産業省）
同	山崎　克巳	（千葉工業大学）	同	三尾　幸治	（三菱電機）
参　　加	開發　慶一郎	（日立産機システム）	同	山本　幸弘	（三菱日立パワーシステムズ）
同	小島　弘文	（日本規格協会）	幹事補佐	服部　憲一	（三菱日立パワーシステムズ）

6　部会及び名簿

部会名：電気機器部会

部 会 長	塩原　亮一	（日立製作所）	委　　員	鈴木　敏彦	（東日本旅客鉄道）
幹　　事	尾形　和俊	（東　芝）	同	田中　邦典	（電源開発）
同	榊　正幸	（明電舎）	同	長沼　一裕	（三菱電機）
委　　員	石崎　義弘	（東　芝）	同	中山　悦郎	（横河メータ&インスツルメンツ）
同	上村　望	（明電舎）	同	濱　義二	（日本電機工業会）
同	河村　達雄	（東京大学）	同	松村　年郎	（名古屋大学）
同	合田　豊	（電力中央研究所）	同	村岡　隆	（大阪工業大学）
同	河本　康太郎	（テクノローグ）	同	山本　直幸	（日立製作所）
同	小林　隆幸	（東京電力）	同	吉野　輝雄	（東芝三菱電機産業システム）
同	澤　孝一郎	（日本工業大学）	幹事補佐	高濱　朗	（日立製作所）
同	白坂　行康	（日立製作所）	同	長　輝通	（明電舎）
同	杉山　修一	（富士電機）			

7　電気規格調査会名簿

会　　長	大木　義路	（早稲田大学）	理　　事	吉野　輝雄	（東芝三菱電機産業システム）
副会長	塩原　亮一	（日立製作所）	同	西林　寿治	（電源開発）
同	清水　敏久	（首都大学東京）	同	大山　力	（学会研究調査担当副会長）
理　　事	伊藤　和雄	（電源開発）	同	中本　哲哉	（学会研究調査担当理事）
同	井村　肇	（関西電力）	同	酒井　祐之	（学会専務理事）
同	岩本　佐利	（日本電機工業会）	2号委員	奥村　浩士	（元京都大学）
同	太田　浩	（東京電力）	同	斎藤　浩海	（東北大学）
同	勝山　実	（東　芝）	同	塩野　光弘	（日本大学）
同	金子　英治	（琉球大学）	同	汗部　哲夫	（経済産業省）
同	炭谷　憲作	（明電舎）	同	井相田　益弘	（国土交通省）
同	土屋　信一	（昭和電線ケーブルシステム）	同	大和田野　芳郎	（産業技術総合研究所）
同	藤井　治	（日本ガイシ）	同	高橋　紹大	（電力中央研究所）
同	三木　一郎	（明治大学）	同	上野　昌裕	（北海道電力）
同	八木　裕治郎	（富士電機）	同	春浪　隆夫	（東北電力）
同	八島　政史	（電力中央研究所）	同	水野　弘一	（北陸電力）
同	山野　芳昭	（千葉大学）	同	仰木　一郎	（中部電力）
同	山本　俊二	（三菱電機）	同	水津　卓也	（中国電力）

2号委員	川原	央	(四国電力)	3号委員	宮脇	文彦	(電力用変圧器)
同	新開	明彦	(九州電力)	同	松村	年郎	(開閉装置)
同	市村	泰規	(日本原子力発電)	同	河本	康太郎	(産業用電気加熱)
同	留岡	正男	(東京地下鉄)	同	合田	豊	(ヒューズ)
同	山本	康裕	(東日本旅客鉄道)	同	村岡	隆	(電力用コンデンサ)
同	石井	登	(古河電気工業)	同	石崎	義弘	(避雷器)
同	出野	市郎	(日本電設工業)	同	清水	敏久	(パワーエレクトロニクス)
同	小黒	龍一	(ニッキ)	同	廣瀬	圭一	(安定化電源)
同	筒井	幸雄	(安川電機)	同	田辺	茂	(送配電用パワーエレクトロニクス)
同	堀越	和彦	(日新電機)	同	千葉	明	(可変速駆動システム)
同	松村	基史	(富士電機)	同	森	治義	(無停電電源システム)
同	吉沢	一郎	(新日鐵住金)	同	西林	寿治	(水車)
同	吉田	学	(フジクラ)	同	永田	修一	(海洋エネルギー変換器)
同	荒川	嘉孝	(日本電気協会)	同	日髙	邦彦	(UHV国際)
同	内橋	聖明	(日本照明工業会)	同	横山	明彦	(標準電圧)
同	加曽利久夫		(日本電気計器検定所)	同	坂本	雄吉	(架空送電線路)
同	高坂	秀世	(日本電線工業会)	同	日髙	邦彦	(絶縁協調)
同	島村	正彦	(日本電気計測器工業会)	同	高須	和彦	(がいし)
3号委員	小野	靖	(電気専門用語)	同	池田	久利	(高電圧試験方法)
同	手塚	政俊	(電力量計)	同	腰塚	正	(短絡電流)
同	佐藤	賢	(計器用変成器)	同	佐藤	育子	(活線作業用工具・設備)
同	伊藤	和雄	(電力用通信)	同	境	武久	(高電圧直流送電システム)
同	小山	博史	(計測安全)	同	山野	芳昭	(電気材料)
同	金子	晋久	(電磁計測)	同	土屋	信一	(電線・ケーブル)
同	前田	隆文	(保護リレー装置)	同	渋谷	昇	(電磁両立性)
同	合田	忠弘	(スマートグリッドユーザインタフェース)	同	多氣	昌生	(人体ばく露に関する電界,磁界及び電磁界の評価方法)
同	澤	孝一郎	(回転機)				

Ⓒ電気学会電気規格調査会 2016

電気学会 電気規格調査会標準規格
JEC-2130：2016　同期機

2016年8月31日　第1版第1刷発行

編　者　電気学会電気規格調査会
発行者　田　中　久　米　四　郎

発　行　所
株式会社 電 気 書 院
ホームページ　www.denkishoin.co.jp
（振替口座　00190-5-18837）
〒101-0051　東京都千代田区神田神保町1-3 ミヤタビル2F
電話(03)5259-9160／FAX(03)5259-9162

印刷　互恵印刷株式会社
Printed in Japan／ISBN978-4-485-98985-2